空间配色500

设计师不传的私房秘技

漂亮家居编辑部　编著

辽宁科学技术出版社
·沈阳·

图书在版编目（CIP）数据

设计师不传的私房秘技：空间配色500／漂亮家居编辑部编著．—沈阳：辽宁科学技术出版社，2021.6
ISBN 978-7-5591-0475-5

Ⅰ．①设…　Ⅱ．①漂…　Ⅲ．①住宅—室内装饰设计—配色　Ⅳ．①TU241

中国版本图书馆CIP数据核字（2020）第272024号

出版发行：辽宁科学技术出版社
（地址：沈阳市和平区十一纬路25号 邮编：110003）
印 刷 者：辽宁新华印务有限公司
经 销 者：各地新华书店
幅面尺寸：190mm×235mm
印　　张：15
字　　数：240千字
出版时间：2021年6月第1版
印刷时间：2021年6月第1次印刷
责任编辑：胡嘉思
封面设计：何　萍　郑若谊
版式设计：何　萍　郭芷夷　郑若谊
责任校对：韩欣桐

书　　号：ISBN 978-7-5591-0475-5
定　　价：68.00元

联系电话：024-23284365
邮购热线：024-23284502
E-mail: single_000@sina.com
http://www.lnkj.com.cn

CONTENTS 目录

第一章

在一个空间中，往往混合了不同质感的建筑材料，交织组成环境里的配色方案，凸显空间特色，色彩与材质之间可以创造不同的视觉感受。材料与质感交替对光做出反应，进而建构了空间环境的色调，且于光线影响下，更能刻画出材料色与展现视觉或触觉特质的纹理。

图片提供 © 巢空间设计

图片提供 © 石坊空间设计研究

001+002 冷暖材质色调的平衡营造温度感

材料本身有所谓的冷暖调性，如木材质地温和，纹理丰富，给人温暖放松的感觉，而水泥或光滑的瓷砖、大理石材质则显得冰冷。当空间出现过多冷调材质时，可以适当加入木材中和冷的调性，为空间增添温度感。

003

图片提供©石坊空间设计研究

003 自然光源凸显冷暖材质肌理色泽变化

光在材料色中的运用中，多半会选以自然光来做映衬，借由自然光源赋予冷暖材质更鲜明的特色表现，一来透过自然光，能再次凸显材质特色肌理与色泽，二来因时间不同，自然光有其自身特色，投射到材质上，又能随变化营造出不同层次。

004 不同材质拼贴的对比与延续，带来空间调性

运用多元材料建构空间时，可以用不同色调的不同材质做出色调对比，彰显空间色彩多变性，同时也能以统一的色调，让不同材质为环境创造一气呵成的延续视觉感受。

图片提供©石坊空间设计研究

图片提供©澄橙设计

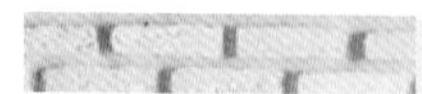

005 不同的白，透过材质变化产生趣味与温度

客厅、餐厅、书房采用开放式空间规划，利用主墙设计界定不同空间功能。客厅与书房为大面积的白，通过粗糙的文化石、平滑漆面、白沙发让视觉产生变化，令以白色为主的家居空间，有了纹理、温度与更多的生活感。

贴士：以百合白漆为基调，陪衬文化石、白色沙发，辅以木纹与黑板漆点缀，利用不同材质让浅色有着不一样的视觉变化。

006

图片提供©巢空间室内设计

图片提供 © KC design studio 均汉设计

006 浅木纹搭白基底，诉说暖调氛围

纯白天花板与白色文化石，搭上温润的原色木纹砖铺排，以单纯的材质原色为空间打底，营造客厅上轻下重的明亮温馨空间感，同时也让这些基本原色，成为衬托缤纷色彩元素的最佳背景色调。

贴士：设计师通过一小面白色文化石的粗犷纹理，在一片纯白平滑的涂装天花板及墙面中，增添了立面视觉层次。

007 清爽材质色全然颠覆无光黯淡空间

处于公寓楼低层的二手房，仅有面对巷道的窗户能透进自然光，装修前空间总是莫名昏暗，然而设计师依采光面重新布局，用淡色桦木隔墙立柜与层次分明的木地板打造空间主体，绿色盆栽画龙点睛，与立面底端蓝白餐厨空间创造出相得益彰的轻盈生活况味。

贴士：嫩绿盆栽与深蓝沙发成为空间中的跳色体，在自然光的映照下，室内层次更显分明。

图片提供 © 森境及王俊宏室内装修设计工程

008 如阳光般和煦的自然木屋餐厅

特别挑选轻柔淡雅、质感细腻的木皮来取代单调的墙面漆色，搭配木质的细节，让用餐的空间满溢着自然的清爽气息，同时也有人文的工艺之美。而与之对应的餐桌与地板则采用光面大理石，可让整个用餐空间更显光洁清雅。

贴士：在细腻的木墙上，以自然植物为主题的白色立体浮雕在墙面上具有跳色与聚焦的效果，让空间更活泼。

图片提供 © 禾光室内装修设计

009 原始素材回归简单生活本质

玄关入口以横向双面柜解决采光与功能问题，选用原始的素材，文化石映衬复古砖的怀旧色彩，缓和了归家人的心情，原木色系的木皮经过多层钢刷处理，更显出纯朴感，座椅则选用瓷砖花色中的古朴蓝色调，延续整体玄关的氛围。

贴士：在柜体与天花板之间以及吊柜下方安排照明设计，除了能让高柜有轻盈的视觉效果，也能烘托出细腻质感。

图片提供 © 璞沃空间 /PURO SPACE

010 浅色木皮衬托黑板漆，前后错落拉出景深

与客厅无实墙间隔的玄关过道，从深色黑板漆转换为木色天花板、墙面，同时大胆画出斜线，模糊天花板与墙面的交界，巧妙暗藏客卫与卧室。设计师选择在客厅使用优的钢石，在玄关使用仿石地砖，在客用卫生间使用方形砖，并用材质与色彩的过渡达到区别空间功能效果。

贴士：木皮从墙面延伸至天花板，搭配入口处的黑板漆、浅色地面，深浅对比立刻让单一平面前后错落，拉出立体景深。

011 木纹遇见花砖，塑造趣味盎然的生活风景

仅 70 平方米的中小户型，透过材质色彩与纹理的搭配变化，有了放大空间的视觉效果。设计师在唯一有光线照射的窗台空间中，以灰白花砖界定空间，用与花砖泾渭分明的胡桃木地面则引入空间主体，用色彩与材质成功描绘出写意的生活动线。

贴士：素净的白色木柜与绿色盆栽烘托出轻松闲适的窗影氛围，同时引光入室。

图片提供 © KC design studio 均汉设计

012 用松木纹理诉说关于空间的故事

宇宙中色彩万千，总有无穷的变化，这里设计师不玩配色，而是运用材质纹理的搭配，创造出更有趣的空间美感。以不规则松木纹理拼接出的电视主墙，串联起与原木餐桌相似的木质肌理，更与客厅嫩黄的造型沙发遥相呼应，塑造了在空间中充满跳跃感的视觉焦点。

贴士：以木材为轴心向外串联，不论是色彩、纹理，还是软装，只要有点、线、面的相互呼应，就是最佳的搭配逻辑。

012

图片提供 © 方构制作空间设计

图片提供© 日作空间设计

013 相近木质色调酝酿简约温暖氛围

空间设计的构思来自房主向往的无拘无束的生活，于是客厅选用榻榻米材料，以此为延伸，撷取相近自然色系构成过道底端的格子实木门，中岛与电视柜体为橡木贴皮，带有些许白色纹理的木地板则呼应餐桌的色调，为木头色系串联起美好的和谐。

贴士：灰白色系作为木头色系的调和色，看似白色的厨柜，实则具有淡淡的木纹，相比亮面烤漆质地更为耐看，也能在光影的渲染下产生丰富的层次变化。

图片提供© 日作空间设计

014 不同材质地面重新界定生活动线

响应房主希望营造的成熟稳重氛围，公共区域特意挑选经烟熏处理过的橡木铺设，玄关、厨房搭配的深黑地砖则是隐性的动线引导，更赋予易于清洁整理的实际意义，同时也让黑色串联厨具、中岛台面，形成整合的色块计划，拉宽空间尺度。

贴士：厨具面板经木皮染黑处理，尽可能地趋近地砖色系，甚至将橡木地板延伸作为大门立面材料，家具同样依循着木地板色搭配，更具整体感。

图片提供© KC design studio 均汉设计

015 3 种纹理陈述温馨自然的童趣氛围

23 平方米大儿童房，既要保留家中自然沉稳的氛围，又需要创造属于孩童的活泼气氛。白色木橱柜延伸至天花板成为空间明亮带，搭配低调的墙面与定制的木地板，纹理相互呼应，透过材质的拼接，打造出多元丰富的空间视觉效果。

贴士：采用多种木材拼接成的箭形纹地板与部分天花板，为空间带来多元变化，也创造出活泼而和谐的律动感。

图片提供© 禾光室内装修设计

016 草木绿打造清新疗愈空间

两人两猫的婚房，公共空间以开放式设计为主，半高墙面创造相互穿透的延续性，也让光线能自由流动，墙面为栓木实木皮喷草木绿色，搭配原木色系的餐桌椅，以大自然森林为配色概念，营造出清新疗愈的北欧氛围。

贴士：地板为灰色系的橡木纹，搭配同色系沙发及绿色抱枕，串联整体空间的大自然配色主轴。

图片提供©子境空间设计

017 浓浓工业风中的优雅调色

由于房主着迷于工业风设计中个性、粗犷的质感，因此空间中的陈设无不展现十足的工业风随性品味，客厅天花板以同色调不同色阶的不同材质拼接，创造空间层次，与沙发、软装相互呼应，整体空间在沉稳中展现出无比细致的个性纹理。

贴士：不同材质的天花板混搭风管、轨道灯，演绎出个性化的工业风格，妥善运用光源与建材，则能梳理生硬的线条，提升居家温馨暖意。

图片提供©新澄设计

018 实木与不锈钢混搭，融合出全新工业风森林系交流空间

实木斜顶天花板、不锈钢橱柜与灰色文化砖等建材混搭，让随性的森林小屋风格餐厅多了几分粗犷，非但不显违和，反而更加自然！成功打造房主衷心期盼的聚餐交流空间。

贴士：用木材、不锈钢、灰色墙砖勾勒空间轮廓，配搭仿旧蓝白单椅、橘色沙发，打造轻松写意的森林小屋情调。

图片提供©奇逸空间设计

019 香槟金迷你吧台、大理石纹营造饭店风套房

家具选择深灰、咖啡色系，使其恰如其分地扮演配角，同时降低体量存在感，拉宽空间尺度。雕刻大理石纹从玄关地面蔓延至客厅墙面、多功能台面，不切齐功能空间的交界，模糊空间与空间界限，达到延伸、放大效果。

贴士：大理石纹搭配香槟金镜柜组合，辅以低调灰沙发、木地面，令29平方米的房间顿时变身高级饭店套房。

020

图片提供 © KC design studio 均汉设计

图片提供 © KC design studio 均汉设计

020+021 以自然素材演绎纯净生活方式

比起五颜六色的缤纷视觉，材质的天然原色反而更能展现居家中质朴无为的本质。设计师摒除了多余色彩，运用材质赋予家新的面貌，砖红色的陶砖天花板显示出了空间的复古质感，略带深浅层次的墙面搭配水泥地面，粗犷而不粗糙，营造出毫不矫饰的自然之家。

贴士：略带灰褐色的墙面由意大利特殊涂料粉刷而成，能创造出深浅层次的自然纹理。

图片提供© 禾观空间设计

022 简约灰调客厅，诠释绅士的优雅

客厅空间以大面积灰色清水混凝土作为背景墙，并装点温煦的木地板与木皮，营造简约而具深度的人文品位。墙面边角处以银色不锈钢金属修饰，带来些许工业感的气息，而咖啡色皮革单椅则呼应了木质色彩的暖调，充满着雅痞的味道。

贴士：空间同时注入了深沉的黑，强化立体感，但优雅线条的呈现，体现于画作、立灯、圆桌等地方，让黑色显得柔润不生硬。

023

图片提供© HATCH Interior Design Co. 合砌设计有限公司

图片提供© 纬杰设计

023 掌握全屋木质色彩与纹理的一致性

在窗边用经钢刷的木皮重新打造出一侧的书柜与卧榻，在自然光的轻抚下，木质肌理触感更鲜明，并与手刮木地板的触感、深浅色调呼应，让空间的木头色系维持一致性。

贴士：避免空间视觉凌乱，木质色调与材质控制在 1 ~ 2 种，舍弃平滑的木贴皮，采用刻画纹理的木皮质地，在空间中相互帮衬。

024 具有稳重感的明亮，深浅比例的完美调度

白色墙面对应天花板，深灰墙面则呼应灰蓝沙发，木头色系运用于地面及电视墙与柜体上，并装点少许的黑色强化立体感，无论深色或浅色，皆在各位置上相互对话，平衡冷暖，保有稳重气度，构成平衡的视野。

贴士：让白色、浅木色占去大部分比例，深灰与黑色等则酌量装点，在精准的色彩比例调度下，维持敞亮的空间观感。

图片提供© 禾观空间设计

025 清水混凝土接木皮，建构温煦情境

用餐区兼具接待亲友的交流意义，以清爽底蕴呈现，让使用者成为空间主角，配置浅色人造石的大中岛。墙面则采用染色橡木皮拼接清水混凝土建材，冷暖色的交融，不仅缔造温润的墙面表情，也间接弱化了柜门线条的存在感。

贴士：素朴色调虽清爽，却容易显得无趣，于是以盆栽与镜面点亮视觉，呈现餐桌上的盎然生机。

图片提供© 一水一木设计有限公司

026 灰黑色调铺陈沉静氛围与宽绰气度

在偌大的电视主墙面上选用灰黑色调的墙砖，借其沉稳色调让开放格局的空间更具安定感，搭配横向的墙砖纹理与镀锌黑铁层板，则具有梳理视觉的效果，同时也与电视音响设备呼应，凸显设备质感。

贴士：电视主墙面下方地板采用灰色、低彩度的迪拜进口地砖衔接橡木超耐磨木地板，酝酿大气与安静感。

图片提供© 一水一木设计有限公司

027 仿水泥漆色为居家增添自然素颜

客厅内利落地以仿水泥漆色的电视主墙面，深色橡木地板以及沙发后的黑色砂漆墙柜作为色彩主轴，简单的色调让空间充满现代简约美感，同时让阳台的植物墙更为吸睛，由内而外构成优雅自然的素颜。

贴士：设计师特别在电视主墙面下方配置白色大理石台面与黑铁层板，除可置物外，也提升质感及明亮感。

028 以灰阶创造宁静的空间层次

灰色虽被归为无色彩之列，但其实可以变化出非常多的色阶，从水泥板的灰色柜门、雾灰石材墙面、灰黑色石材中岛桌面、木质黑色餐桌，再到灰色石英砖……让看似单纯的灰色空间可以有更多层次感。

贴士：自然光是灰色的最佳伙伴，跟着晨昏光线移转，不同材质的灰色因反光度不一呈现丰富质感。

图片提供©森境及王俊宏室内装修设计工程

029 水泥粉光搭配粗犷木色，用建筑语汇诠释新居

30 年的老房重新改造成引风入室的简约宅邸，通过建材大面积铺陈，打造粗犷低调的视觉感受，例如墙面水泥粉光、天花水泥板。特别挑选木地板加工厂的板材剩料与 V 形生铁管，搭配裸露电箱，用浓浓的建筑语汇对室内设计做出全新诠释。

贴士：客厅空间运用大范围水泥粉光及天花水泥板、表面未经处理的木地板与 V 形黑色生铁管，营造粗犷的建筑风格。

图片提供©新澄设计

图片提供© 奇逸空间设计

030 简化建材，黑、白、灰构成视觉连贯空间

用清水混凝土漆、优的钢石搭配铁件、工字钢，描绘出灰、白、黑冷调居住空间。特意减少使用素材与涂料的无接缝设计，令画面更加干净，尤其室内梁身与墙面皆以灰色色块包覆，弱化大梁存在感，让视觉连贯，空间更加开阔。

贴士：白色天花板在清水混凝土灰色色块、手抹浅色地面的包围下，只保留黑色工字钢上的光源，凸显轻盈质地。

031 黑、白石材风格对比，描绘沉稳内敛表情

开放式客厅、餐厅由黑白根仿古大理石、深色木格栅与石材面构成。利用木制的裁切线条、石材的不规则纹理以及与生俱来的华贵感，令低调内敛、没有多余装饰的居住公共领域更多了几分自然风情。

贴士：黑白根石材搭配仿卡拉拉白大理石，用黑与白凝聚视觉焦点，再辅以深色木格栅稳定重心，勾勒空间沉稳表情。

图片提供© 新澄设计

032 鹅黄色主人椅点亮建筑风无色空间

以北欧别墅为创意来源，大块的灰水泥瓷砖铺陈地面、墙面，用材质模拟从建筑延伸到室内的低调、无装饰氛围。墙面内嵌灯管作为侧面辅助光源，填补低楼层空间所剩无几的自然采光；墙面嵌灯线条亦呼应了天花板切割缝隙，增添空间科技、现代感。

贴士：在大面积灰、白的无色空间中，设置鲜亮的鹅黄色主人椅作为空间亮点，起到了聚焦作用。

图片提供©新澄设计

033 多色大理石编织出具有磅礴气势的石毯

在格局开阔的大厅中，除了以列柱造势，墙面与地板的大理石同样让人感受到尊贵过人的气场。然而，整个空间中最为吸睛的却是走道上以四色大理石拼花编织成的石毯，通过色彩运用及搭配让石材工艺获得极致表现。

贴士：在众多石材的空间中，设计师特别穿插茶色玻璃的柱体与橱柜，使空间带有穿透与轻盈感。

图片提供©森境及王俊宏室内装修设计工程

034

图片提供© 方构制作空间设计

图片提供© 方构制作空间设计

034+035 打造剔透、晶莹，新冷调北欧现代居家生活

想要打造清爽剔透的空间，白色的运用就显得格外重要。在这个案例中，设计师运用灰、白错落的石纹砖搭起餐厅墙面，使用晶透的天花板镜面玻璃与净透的窗纱，让空间中的白充满层次，搭配嫩绿餐椅、深灰沙发作为跳色点缀，看似简单的布局，却能令人回味无穷。

贴士：天花板上的主梁结构经常是空间压力的元凶，设计师在此则通过镜面玻璃化解压迫感，晶透感发挥出放大空间的效果。

图片提供 © 璞沃空间 /PURO SPACE

036 泛白色整合，凸显不同材质的细腻微表情

以油漆、木地板、文化石、木饰板等铺陈的客厅，运用泛白色统一视觉，令空间背景呈现独特的轻盈、凉爽氛围；而不同材质所带来的独特纹理，更赋予公共空间让人百看不腻的细致微表情。

贴士：传承自爷爷的老件圈椅、木色茶几，搭配绿意盎然的阔叶盆栽，利用浓厚色调的家具抓回大范围泛白色调的视觉重心。

图片提供 © KC design studio 均汉设计

037 材质混搭营造“零装感”快意生活

褪去房子中该有的胭脂红粉，空间还剩下什么？本案例中设计师降低了所有彩度，以近乎“裸装”的手法还原居家该有的纯粹质感，水泥粉光墙面与不同色阶的淡白杉木柜看似无为，却埋下原木材质中最清透自然的生活调性。

贴士：花砖地面与软装柜体为视觉带来沉稳的重量，水泥墙面则充分凸显材质中的木纹肌理与花砖的线条美感。

图片提供 © 一水一木设计有限公司

038 以建材光反映制造灰阶变化，凸显细腻感

水泥粉光的电视主墙面具有吸光的特质，能为空间创造出安适纯净的色彩感；而石英石地砖则具有反光的明亮效果，为居家增添光洁美感，设计师在墙与地面运用同样的灰阶色彩，但光能反映出截然不同的材质，让灰色空间变得生动且有细腻的变化。

贴士：黑色铁件的层板线条在灰阶的墙面与地面中，显得利落而有强度美感，也让视觉有了聚焦处。

图片提供©甘纳空间设计

039+040 简约灰阶糅合镀钛提升质感

在与亲朋好友共享的休憩居所中，设计师为了让空间回归自然低调的状态，以黑、灰、木色为串联，因而选用仿古面大理石材，搭配铁件喷灰处理，并于材质收边处使用镀钛，衬托精致质感。

贴士：在黑、灰基调下，选搭酒红色皮革吧台椅，赋予跳色画龙点睛的效果，皮革质感亦与石材、镀钛更为协调融合。

040

图片提供©甘纳空间设计

图片提供© 璞沃空间 /PURO SPACE

041 灰绿陪衬重色木家具，打造全新惊艳玄关画面

玄关以带点儿复古感的优雅浅灰绿铺陈背景墙，拼贴木质矮桌则是此处最抢镜的家具体量，辅以画作、盆栽、阶梯小凳大胆的浓黑色，加上呼应客厅的老件圈椅、老收音机以及巧妙糅合亚热带风格的家具与北欧背景，构成独一无二的惊艳画面。左上角质朴的吊灯静谧地发出晕黄光源，不仅凸显墙面凹凸纹理，让背景墙不再平凡单调，更为回家的人带来一丝温暖。

贴士：优雅的浅灰绿凸显玄关深深浅浅的黑、咖啡木色调；晕黄灯光增添暖调，亦让墙面纹理不再平凡。

图片提供© 方构制作空间设计

042 色彩斜切创造个性风格立面

灰与白，看似最保守安全的居家用色，也可以有创意无穷的百变混搭！这个空间同样有着灰白基调，白涂料上色的墙体斜切，与上端淡灰色硅藻土相映衬，夹杂着黄色间接光带，成了瞬间创造强烈印象的个性风格画面。

贴士：客厅墙面淡灰色硅藻土与白涂料两种材质元素的碰撞，加上照明画龙点睛，勾勒出视觉层次，简约不失变化。

图片提供© 禾观空间设计

043 简洁利落，演绎舒适生活味道

卧室以沉稳的灰色为主，以黑、灰、白三色建构中性风韵，阐述沉静好眠的氛围，并于柜体、家具处装点木纹色，提升整体暖意。卧榻区纳入温煦采光，搭配床头灯的晕黄光线，让空间不致过于冷调，且富有暖意。

贴士：刻意让床头、柜体齐平，灯饰与画作维持在一定的摆放高度，让床头的灰色表情显得大方不凌乱，且尺度更宽广。

044 复古有型，清爽自然的北欧卧室

以白色建构清爽底蕴，整体配色清爽自然，充满着北欧的清冷气质，但加入温暖毛绒的暖色系抱枕，恰好平衡了空间冷暖，同时将造型谷仓门移植入室，以浅灰蓝色定调床头板与卫浴推拉门，让房间显得设计感十足。

贴士：门板与床头板原为普通木色，但将之染色，改以年轻的灰蓝色呈现，并刻意保留些许复古斑驳痕迹，更有味道。

图片提供© 北鸥室内设计

045 大理石压纹砖与灰、白漆交织于纯净的卧室

打破石材平滑坚硬的传统印象，使用大理石面上有立体压纹的特色瓷砖，令观感瞬间温润柔和起来，完美融入卧室，搭配灰、白涂料，略去多余修饰，清浅色系赋予空间单纯沉静的气息。

贴士：房主选择的有立体压纹的大理石瓷砖，搭配灰、白涂料，在光线照射下，呈现静谧无垢的面貌。

图片提供©新澄设计

046 轻质灰调，以线条串起对话

以灰色壁布烘托沉稳的氛围，并注入木皮特有的温润气息，增加睡眠气息，加入的深浅两种木色相互对话，较鲜明的深色木色，使用于床头柜、床架等地方，产生一体化的整体感，柜面与地面则铺设浅色木纹，让空间具有轻盈感。

贴士：以画框与吊灯勾勒利落线性，塑造床头墙面的变化，并借着框中有画的陈设方式，显现黑色线条的趣味性。

图片提供©禾观空间设计

图片提供©甘纳空间设计

047 光影层次带来素净空间的氛围

主卧室床头主墙运用弧形木质，贴饰灰阶粉色壁纸营造柔和精致的质感，尤其两侧增设间接灯光与吊灯，借由不同层次的光源，展现优雅氛围。

贴士：铁件柜体，与吊灯色调一致，加上寝具同样采取灰阶色系，让视觉更为协调。

048

图片提供©禾观空间设计

图片提供© 森境及王俊宏室内装修设计工程

048 粉嫩色搭配深木纹，注入端庄气质

卧室延伸了与公共区域相似的染黑木纹，并额外配置了独立的更衣区，于更衣区入口处加上金属门框修饰，注入了现代时髦的精致质感，为避免过于深沉，床头主墙则刷上了柔软的粉嫩色漆料，促成令人安心的空间氛围。

贴士：为了讲究一致性，就连门板色彩也采用木纹染黑，与周边墙面相融合，让立面不被中断且具有连贯性。

049 木质黑色天花板营造安稳睡眠环境

超大采光面原本是一大优点，但对于需要宁心静绪的卧室却不见得适合。因此设计师除了先在窗户运用百叶窗调整光线外，床头则以黑色柜体遮光，并在天花板以木材铺上黑色天幕，搭配周边深浅灰色的墙面，营造安眠环境。

贴士：与床位上下对应的天花板采用黑色，但双侧天花板仍漆以白色，如此可避免产生高度被压缩的感觉。

图片提供© 一水一木设计有限公司

050 隐约压纹壁纸使房间多些内涵

选定房主喜欢的深蓝作为卧室主色，借以营造沉淀心绪的空间感。先在床头采用隐约压纹的蓝色壁纸，床尾则以雾蓝色墙作为呼应，并搭配白色天花板显现出较高空间感，同时在蓝墙上设计白色桌板与抽屉增加亮点。

贴士：相近色系的寝饰与空间完全契合，同时增添了卧室的都市气息。

图片提供© 石坊空间设计研究

图片提供© 禾光室内装修设计

051 交错同色不同材质的使用，色阶层次变化更细腻

进入玄关后，磐多魔地面的细滑质地与抹痕，对应立面水泥粉光的粗糙质朴，无论在日光或人造光源的烘托下，都能表现出两者独特的天然纹理与色泽层次，让色彩更细腻地于空间中变化。

贴士：设计师将玄关矮梯以折角棱线做处理，当光色映照时，室内地面和墙面展现不同角度的色泽变化效果。

052 蓝色沃克板书柜增添活泼感

将原本一大一小的儿童房，调整为"中间游戏室、两侧儿童房"的空间规划，未来游戏室也能弹性变成书房。书柜选用安全无毒的沃克板材打造，亮眼的蓝色调，保有天然原木本身的纤维色泽，为儿童房增添活泼的气氛。

贴士：在木质色彩的配色上，地面选用浅灰色橡木，搭配桦木合板喷保护漆的木质门板，借此平衡颜色较深的书柜。

053+054 虚实薄荷色铁件框架与隔间留住光与空间感

以房主的幸运色——灰阶薄荷色作为空间配色，电视墙旁搭配镂空铁件展示架，传达虚实对比的视觉感受，再往后则是结合清玻璃、复古玻璃与薄荷色铁件构成的书房隔间，让光线恣意穿透，又能与客厅、餐厅区域产生适当的区隔。

贴士：玄关入口选用深色木皮打造的鞋柜，与玻璃铁件隔间形成沉稳与轻盈的对比效果，让轻重观感更为平衡。

053

图片提供 © 甘纳空间设计

054

图片提供 © 甘纳空间设计

055

图片提供© 禾观空间设计

056

图片提供© 奇逸空间设计

图片提供© 石坊空间设计研究

图片提供© 石坊空间设计研究

055 光影线条烘托朴实木色的轻盈旋律

书房架高海岛型地板，借着简约橡木皮色注入温煦质感，起居室充满闲适的味道，成排的柜体则选用木色铺陈，穿插仿深灰色清水混凝土纹理，以恰当比例让深浅色交融，创造绝佳的冷暖平衡，并缔造柜面的丰富层次。

贴士：百叶窗过滤明亮的采光，形成唯美的光影线条，照于质朴木色上，增添立面的表情变化，让气氛更为写意自然。

056 用相近色与仿真纹理，创造不同材质趣味

木纹大理石一气呵成化作餐桌、地面、吧台、墙面，成为料理空间中最大的造型体量；柜体具备金属的冰冷，却因色彩而拥有近似木质的暖；钢线固定悬挂天花板，使其像飘浮一般。相近色与仿真纹理，模糊金属、石材、木料间的差距，达到意外的视觉趣味。

贴士：木纹大理石、白色厨柜勾勒冷灰结构，让玫瑰金吊柜与原木色辅柜前后呼应，点亮视觉焦点。

057+058 运用实木与黄光，赋予清水混凝土空间暖意

楼梯采用悬浮设计，木质与黑铁的线性表现，缓和空间因大量灰色清水混凝土而造成的压迫感。落于梯间置于水泥墙面的指引灯，除了是指引光源外，点状投射的温润色光划过实木梯面，亦创造出空间层次与光晕美感。

贴士：当清水混凝土比重高时，相应木质的温润，能在大基底中烘衬出视觉亮点，辅以灯光色温的营造，让空间更具温度感。

图片提供© 构设计

059 用材质细细堆砌家的素颜本色

设计师说："素雅往往是让人最感到放松的色调。"然而营造素净雅致的空间并不容易，以木质本色搭配水泥灰墙、布质沙发，以及与局部白色花砖混搭，在多种材质色彩的碰撞下，简单自然不花哨，让人能自在呼吸的一方天地就此诞生。

贴士：玄关入门处铺设白色花砖，除了清楚界定空间地面外，别出心裁的花色纹理，也顺势塑造出独一无二的设计方式与生活方式。

060

图片提供© HATCH Interior Design Co. 合砌设计有限公司

图片提供 © 乐创空间设计

060 3 米长木纹斜贴打造独特主题墙

跳脱一般方正格局的配置，三室两厅的住宅刻意画出一道三角斜面，不仅仅是自然的引导动线，在顺应而生的斜墙面上，运用长达 3 米的特殊木纹以斜贴、密接作为呼应，也创造出这个家的独特主题，两侧墙面覆以灰色，塑造宁静之美。

贴士：玄关入口贴黑色六角砖，与室内木纹地板做出些微区隔，一并衍生出实用的落尘区域。

061 六角花砖与实木木皮同色系，跳色有趣味

在玄关处选用六角花砖铺陈地面，木头色系是让人一进家门便能感受到温度的色彩，悬空的鞋柜减轻笨重感，嵌入微型展示空间，在端景柜里放入小盆栽布置，加上穿鞋镜辅助放大空间，低彩度力求简约，而让小空间放大、聚焦、收效。

贴士：玄关地砖选择几何图形六角形，形状本身呈现活泼感，六角花砖以跳色手法铺设，赋予空间趣味感。

图片提供 © 曾建豪建筑师事务所

062 木材的深浅色巧妙混合，好似走进森林里

使用梧桐木、柚木、椴木 3 种木皮材质拼接出沙发背景墙造型，尤其柚木木色偏红，带来深浅层次，营造犹如森林里树干错落的想象情境。全屋注入大量木材与局部泥作的清水混凝土墙面，借由材质本质的温润，散发自然感与水泥感的素雅气质。

贴士：由于进门后迎面而来就是沙发背景墙，整面墙的木质纹理透露多种材质混搭的效果，清水混凝土墙面则延伸成为一道简约的端景。

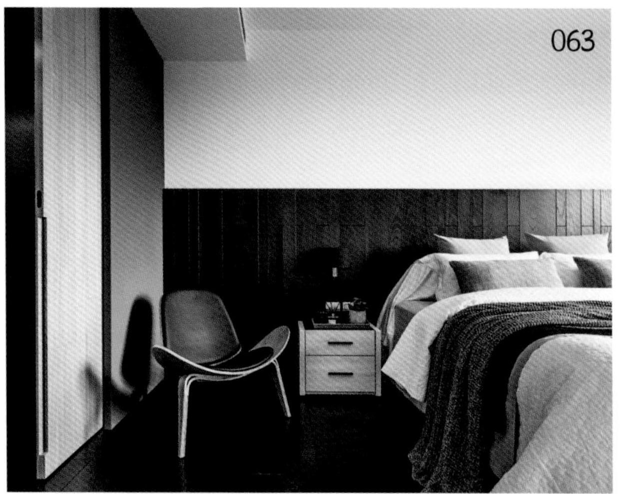

图片提供 © 禾观空间设计

063 黑白冲突异趣，鲜绿点亮焦点

床头墙腰以下是染黑的木材，并保有原始墙面的大面积留白，呈现黑白对比的冲突趣味，使墙面尺度更为放大，旁边拉门则运用温润的浅木纹，并别出心裁地加入一道土耳其绿，瞬间点出亮点，点出空间的新潮气息。

贴士：地面铺陈深色木纹，并刻意与床头连接，串起水平与垂直的关系，让房间更具备令人安心的包覆感。

图片提供 © HATCH Interior Design Co. 合砌设计有限公司

064 六角花砖、地铁砖打造活泼趣味感

两个卫生间合并为一间宽敞舒适的大浴室，长型洗手台面整合收纳、盥洗与梳妆功能，缤纷的六角花砖地面增添空间的趣味与丰富性，墙面则选用同样带有复古感的灰色地铁砖为基底，空间变得更活泼。

贴士：将灰玻璃隔间元素带入卫浴，搭配马桶、洗脸盆与淋浴间的重点线性光源投射，保留局部的暗角，空间反而更有气氛。

图片提供 © 诺禾空间设计

065 细长的半圆造型绷布床头墙，暖色调格外雅致

依据房主想要的绷布定制床头墙，以浅咖啡色定义卧室主色调，连带柜体也使用同色系木皮，邻近色的抛光砖地面，让空间上下挥洒层次，营造简约韵致。床头墙利用了古铜色灯具与镜面切割，巧妙的材质转换，避免了床头墙表情太单调。

贴士：采用定制的浅咖啡色绷布床头墙，利用细长的绷布及半圆造型，提升立体层次感，展现一抹古典风格的雅致气质。

图片提供 © 诺禾空间设计

066 橡木格栅融入黑色床头墙，创造个性对比色

房主偏好黑、白色，卧室特意融入垂直的木纹线条，将其使用在黑色床头墙上，塑造木材的丰富层次，更达到拉高空间感的作用，同时网罗阳刚个性和温润质地。两侧的白色墙壁与衣柜，则充分促成主墙聚焦的效果。

贴士：以橡木实木拼起来的格栅造型床头墙，黑色线条错落，搭配工业风拨杆式开关、木凳、边几等小单品，更加衬托时尚品位。

图片提供 © 曾建豪建筑师事务所

067 清水混凝土与木头，简约色调相互辉映

清水混凝土床头墙呈现朴实无华的质感肌理，连同床头阅读灯都采取同一形式的水泥罩吊灯。架高的木地板流露木头本质的自然温润，环绕地铺的四周利用矮柜设计，木质层板平衡空间温度，内凹的隐形夹层创造空间深度与明暗层次。

贴士：卧室仅采用木头与水泥两种材质铺叙空间风格，一盏水泥灰吊灯宛如烛光的温柔气氛，带入日式轻工业风的简约美学。

068

图片提供 © 子境空间设计

图片提供 © 子境空间设计

068+069 一抹亮黄，为家增添美好印象

大门处玄关延伸至客厅的空间，往往是由外而内的第一道枢纽，设计师选用明亮的黄色色带为内外打造壁垒分明的环境界定，往客厅延伸，亮而不沉的色带与电视背景墙大气的石材纹理交错，为空间创造出铿锵有力的典雅布局。

贴士：明亮的跳色能为空间创造层次，但太多容易引发视觉疲劳，通常局部的跳色铺陈，就能达到画龙点睛的微妙效果。

图片提供© HATCH Interior Design Co. 合砌设计有限公司

图片提供© HATCH Interior Design Co. 合砌设计有限公司

070+071 灰白对比移植时尚设计酒店

经常出国旅游的夫妻俩，期盼家能呈现如设计酒店般的质感，设计师运用灰阶铺陈墙面、柜体等立面设计，并透过 L 形隔墙刷类水泥涂料，厨房覆以天然石材，透过不同层次的灰调酝酿空间深度，天花板与沙发、茶几则选择纯白色，强调灰白对比，烘托出简约时尚的氛围。

贴士：为避免灰阶过于冷冽，适时添加木纹厨具、木质收纳柜体，搭配轨道灯具能依照需求增减光线亮度，为空间注入些许温暖感。

图片提供© HATCH Interior Design Co. 合砌设计有限公司

072 铁灰背景衬白书柜，拉出空间层次

为了调和男女房主对于深浅颜色的喜爱，书柜背景刷铁灰色调涂料，然而特意以白色铁件作为衬托，让线条感更鲜明，淡化深色墙面的沉重感，电视背景墙加入清水混凝土涂料，并拉齐立面轴线的平整秩序，创造出利落舒适的氛围。

贴士：加重灰阶基底具有提升空间质感的作用，并加入深浅木纹与局部白色点缀，赋予空间丰富的层次感。

图片提供© 禾观空间设计

073 深色风韵描绘内敛居家品位

玄关屏风采用不加修饰的深木色，保有原始的木头肌理，给空间带来大自然感，呼应客厅主墙的深邃木皮染色，让底墙色彩接近于黑，穿插不锈钢金属与居家饰品的装点，让深色表情富有变化，充满个性风情。

贴士：刻意将主墙的染色木皮延伸向上，与白色天花板相衔接，使深色墙面不会显小，反倒拉宽墙面的尺度比例。

074

图片提供© 曾建豪建筑师事务所

图片提供©璞沃空间 /PURO SPACE

074 铁板书架黑得出彩，跳色抽屉活泼灵动

以铁件结合美耐板木材打造的薄型无焊点铁板书架，黑色主视觉表现时尚感，另置入灰色、蓝色、木头色系烤漆的活动式抽屉，增加更多弹性使用的变化，同时为黑色铁件主墙增添活泼的色彩。

贴士：书柜上装置的滑门，底面由铁板与美耐板组成，等同于黑板留言墙的功用，材质质感更出色。

075 灰色、咖啡色的不同材质，拼贴出玄关的太极意象

入口端景以深灰色木格栅与咖啡色编织毯为创作素材，通过颜色与材质组合出弧形线条，隐喻太极图案的相生相合。左侧透出的红色丝线是客厅的镂空装置艺术，象征琴弦或水袖舞动的画面，一进门就感受到浓浓的中国禅情调。

贴士：光滑冰冷的木格栅内嵌粗糙温暖的编织毯，灰色、咖啡色的材质混搭，隐约透出丝丝红线，正符合太极阴阳相合的概念。

图片提供©奇逸空间设计

076 深咖啡色营造浓浓男人味，时髦雪茄馆诞生

书房以现代英式雪茄馆为构思，运用浓黑咖啡钛金涂料铝板作为背景墙，搭配灰黑色柜体、黑白根地砖以及靛蓝色窗帘，营造时髦沉稳的氛围。喷白漆铝板的造型天花板在墙面重色的对比下，加上窗帘竖折纹，达到提升屋高的效果。

贴士：空间背景皆为黑、灰、蓝深色系，却巧妙利用雾面、亮面自然构成空间主、配角，辅以橘色、米色拉扣精品沙发点亮视觉。

图片提供© 甘纳空间设计

图片提供© 甘纳空间设计

077+078 丰富色彩创造小空间趣味性

此案例为老房改造，应房主对于丰富色彩的喜爱，设计师于每个空间尝试运用双主色的概念。客用卫生间入口与洗手台区域选用高彩度橘色，对应水泥粉光墙面，作为入口提示，而淋浴间则以同样的高彩度，但对比强烈的蓝色瓷砖铺陈，使小空间增添趣味及氛围。

贴士：对应客用卫生间的餐厨空间，降低彩度，仅以蓝色系餐椅做串联，避免视觉凌乱。

079 铜制墙面的金属光泽，提升空间色调质感

特制金属铜制着色建材，作为客厅收纳壁柜的门板，选以孔雀斑纹色彩，化身一道艺术墙，构成一幅分割山水的画作，酝酿一室精致，并借由金属色泽，提升沉稳普鲁士蓝主色调空间的质感。

贴士：普鲁士蓝的电视背景墙壁布上穿插了金边线条，正好与金属铜制艺术墙的色调形成相呼应的色彩语汇。

080 锈铁感电视背景墙与水泥感地面，演绎自然拙朴

锈铁感的电视背景墙凝聚视觉焦点，铁板采取化学反应制成，表面随时间产生变化，而能流露出自然感。优的钢石水泥无缝创意地面质感不粗犷，平滑的触感具有易清理的优点，搭配橘色、咖啡色等单椅、音响和窗帘，同色系让空间显得和谐。

贴士：绝佳的采光条件下，木纹、锈铁、水泥和石材在光线下更能展现光影的美感，保持自然原色足以衬托空间敞亮的特色。

图片提供 © W&Li Design 十颖设计有限公司

图片提供 © 曾建豪建筑师事务所

图片提供 © W&Li Design 十颖设计有限公司

081 波浪造型立面，创造色调层次趣味

空间色调层次变化，有时来自材质纹理与立面质地的营造。自客厅走入餐厨空间，设计师以雾绿色实木波浪立面作为背景色，一方面延续客厅普鲁士蓝的色彩调性，另一方面在立面的三维效果与色阶上做出层次变化。

贴士：轻投射灯打在波浪造型立面的凹凸立面上，变化出墨绿或蓝青深浅不一的色彩趣味性。

图片提供© 巢空间室内设计

图片提供© HATCH Interior Design Co. 合砌设计有限公司

082 亮面蓝白色砖，注入活泼气息

客用卫生间采用较活泼的进口蓝白色砖做主题墙搭配，清爽的色调营造异国风情，期望在客人造访时，不仅在客厅、餐厅等公共空间拥有视觉飨宴，就连在客用卫生间，依然也能感受到活泼氛围。

贴士：在灯光映照下，凸显出色泽饱和的深蓝色砖与纯白色砖之间的鲜明对比与明亮质地，让空间有了一种舒展的效果。

083 多彩花砖串联色彩表情，丰富空间质地

为呼应空间的灰白基调，卫浴空间以白色天花板与水泥粉光做整体墙面包覆，而以多彩色块的花砖铺排地面，除保有瓷砖防潮与易于清洁的作用外，呼应水泥粉光的质朴、微带光泽的砖面，实现了打亮空间的效果。

贴士：撷取家中主要出现的色彩铺设地面，引导空间色彩，一路延伸不中断。

图片提供© 晟角制作设计有限公司

图片提供© 曾建豪建筑师事务所

图片提供© 构设计

084 活用素材色彩与纹理，创造视觉延伸感

仅 53 平方米大的房子里，为了不使卫浴空间局促狭小，设计师以素材色彩作画，用墨色大理石纹在墙上如云彩般蔓延渲染，在地面铺排绚丽的靛蓝色花砖，粉紫门板的调色让冷硬空间有了梦幻想象，在色彩与材质之间创造了如此精巧细致的洗浴天地。

贴士：纹理线条让视觉放大延伸，虚化小空间中受压迫的四方立面，轻松减轻密闭感。

085 几何图形砖铺面，宛如跳色艺术墙

与主卧一样，以玻璃门打开具有通透视觉感的卫浴空间，几何主题瓷砖铺陈墙面的设计，成为抢眼聚焦的端景墙。60 厘米×60 厘米的瓷砖主墙以蓝、灰、黑定调塑造冷色调，地面则使用 30 厘米 × 60 厘米的水泥地板砖，保持色彩的低饱和度，让清冷调性里透着些许轻奢质感。

贴士：卫浴主墙上的几何花砖，搭配窗边墙面的白色六角形砖，另外配置圆蛋形浴缸与浴镜、洗脸盆，将几何图形效果应用透彻。

086 蓝色马赛克砖提升卫浴空间设计质感

即使是平凡的卫浴空间，年轻的房主夫妻也期待能有着别出心裁的设计。因此设计师在淋浴间的墙面做了有趣的生活实验，以深深浅浅的蓝色马赛克琉璃砖拼接，配上素色木纹地砖，水滴洒下，砖墙显得晶莹剔透，仿佛置身星空，让淋浴多了无限浪漫的想象。

贴士：愈是简约的格局，愈需要细节的雕琢，以材质作为局部跳色，则能在空间中展现层次与重量，也是营造氛围的重要方法。

图片提供 © 巢空间室内设计

087 多彩拼接木纹，玩出层次感暖木轻工业风

为营造轻松的休憩氛围，在质朴水泥粉光灰白调空间中，床头背景墙选用多彩拼接材质，为静谧的空间构成强烈的主题亮点，隔着玻璃与客厅相望，亮眼的人字拼贴图案，装饰性十足。

贴士：以仿真度高的进口壁纸装饰床头背景墙，带来较纯木质更为轻盈的质感，亦方便作为活动衣柜门板使用。

图片提供 © 六相设计

088 怀旧清水红砖砌出家乡的记忆造景

色调纯朴古意的红砖，是中国台湾南部传统乡村建筑的经典建材。设计师特别运用红砖打造卫生间与厨房、客房之间的过渡走廊，并将卫生间的洗手台移至此廊道区域，形成一处富有怀旧意象的记忆造景。

贴士：红砖墙上方留下疏通光线的间隙，透过光影的流动，让空间的氛围更加明亮温暖。

图片提供 © 两册空间设计

089 仿锈薄砖营造犹如画作的端景墙

具有铁锈纹理的 0.4 厘米薄砖，不仅构成了客厅端景墙，更以 L 形包覆隐身墙后的卫浴空间，粗糙的质地为素净的空间带来工业风的味道，其铁锈色调成了空间最稳重的中心。

贴士：以轨道灯局部打亮薄砖表面，凸显了砖面仿铁锈的细腻纹理，同时也让孩子的涂鸦犹如在画廊展示般，形成了最佳表现。

图片提供© 两册空间设计

090 木与砖组合，构建质朴复古生活感

此案例空间以最朴质的素材来呈现房主的生活厚望，考虑房主怀念旧时代的空间元素与预算需求，设计师运用松木合板作为木门板，运用未施粉光处理的砖墙材质组成工作区，带来了具有怀旧风情的生活感。

贴士：将灯管规划成光带设计，与木框构砖墙书桌区灯带做串联，用微黄的灯光点亮家居空间，更添一抹暖意。

图片提供 © 六相设计

图片提供 © 巢空间室内设计

图片提供 © 六相设计

091 深浅灰色调，铺陈光阴推移之美

呼应着室外绝佳的绿意山色景致，室内以温和木材为空间打底，并选用面积较大的天然石材瓷砖铺装电视背景墙，在阳光的照射下，如同凝结时光流逝的足迹，缓缓引入深浅有致的灰色美感。

贴士：若偏好细腻精致的空间感，可选择表面质感较平滑的石材，就能呈现自然而不过于粗犷的气质。

092 亮白餐厅里的木质小温馨

为了不让白色调的餐厅失去层次感，设计师在餐厅旁设计了一面木纹壁板，作为餐厅主题墙，且为了平衡同样为全白设计的中岛，在餐桌及餐椅上也选用了相同色调的木纹材质，让空间保有白色的明亮，又能通过木纹材质带来温馨感。

贴士：白色基调与玻璃拉门的透亮，打造出空间整体亮度，搭配木材质的温润色调，让空间多了份温度。

093 冷暖木材质地，调和空间视觉温感

不同的木材，为空间创造的质感大不相同。如本案例墙面材质是地板的延伸，采用偏灰棕色系的木材质感，视觉上给予人较冷的印象，而餐桌与展示柜选用温暖的橡木色系，调和视觉上的温度比例。

贴士：餐桌上方的灯饰采用简约几何图形，晕黄灯光微微渗透下的木质色与白色，体现出一种恬静的气息。

图片提供© 寓子空间设计

094 局部跳色木纹打造出值得玩味的电视墙立面

以整片木材打造的电视背景墙，给人赏心悦目的感觉，为了增加空间色彩的丰富感，设计师选择在电视背景墙上玩变化，跳色木纹搭配自然光的照射，使客厅大立面更具丰富的视觉层次感。

贴士：以 1/3 跳色木纹墙表现变化，一方面保持整体空间视觉的清爽度，另一方面制造别致的小亮点。

图片提供© 寓子空间设计

095 蓝灰色材质语汇，打造北欧工业风

单身女房主喜爱北欧工业风，因此设计师将全屋的墙面、梁柱都以乐土灰色系处理，适时添加带有刷纹的灰色超耐磨地板与木色厨房柜体，强化工业风元素，赋予空间色彩多一些温度。

贴士：在空间中加入柔和的蓝紫色调，配合浴室的谷仓门及书柜，增添空间的活泼感，而不显单调。

096

图片提供© 巢空间室内设计

图片提供 © 六相设计

096 木纹与黑铁框构白底空间新张力

白色基调的客厅，保留纯白电视背景墙设计，靠近大门的墙面同样也为纯白色，为了让玄关到客厅的动线富有色彩层次，设计师规划了一面木纹墙板，与一组铁件烤漆开放柜，让空间不显单调。

贴士：木纹墙板打破冷白，为空间带来温馨感，而深铁灰色的铁件开放柜则加强空间中的色彩层次。

097 运用天然色调，打造素颜感日系风

本案例为咖啡厅，基于环境安静需求，选用具有吸音效果的木丝纤维板作为墙面材料，板材上所压制的木丝纹理成为空间主色调，形成自然不造作的素颜感，创造出清新的日式风格空间。

贴士：地板采用无接缝强化水泥，深灰色调除了有耐污的优点，也让空间更宁静纯粹。

图片提供 © W&Li Design 十颖设计有限公司

098 光线描绘材质本来面目

用设计来烘托生活背景，设计师着墨在大面积的地板与墙面，运用纹理及质感明显的橡木，并适度留白，配合光线的变化，更衬托家具配件的特质。

贴士：以天然建材特有的灰黑色调为主，引入明亮的采光，色系相同的材料，能单纯呈现材料和家具配件的原始纹理。

图片提供 © 巢空间室内设计

099 以红砖墙为主调，以相近材质营造工业风视觉

保留建筑物本身既有的旧红砖墙结构，作为客厅主墙视觉，搭配类似风格的灰色仿砖墙作为沙发背景墙，统一空间调性，灰色调的陪衬，不抢走电视主墙的风采，选以色泽纹路较深的木地板，呼应客厅整体风格。

贴士：客厅里主要的 3 种材质色调，以电视主墙为第一优先的视觉亮点，辅以沙发背景墙及地板为陪衬，营造相同的视觉风格。

图片提供 © 石坊空间设计研究

100 梧桐木编织家的温馨故事

房主曾居住在中西文化碰撞地区的洋房中。设计师以带古典韵味的餐桌椅和钉扣沙发，衬托出大面积的人字形梧桐木地面。造型仿若俄罗斯屋顶的玫瑰色吊灯，犹如点燃了这一木色空间。

贴士：纹理会说话的梧桐木，分别在地面、厨房柱面以及客厅背景墙，刻画出不同的故事情节。

图片提供 © 六相设计

101 为家添上卡布奇诺色的暖心温度

新房在交房后已完成石英砖的地板铺设，为营造更温馨的感觉，选以卡布奇诺色的超耐磨木地板，直接以卡榫的方式铺盖在既有的地面上，纹理鲜明的地板色调，搭配木头餐桌椅，透出木材的温润暖意。

贴士：局部运用同色调耐磨木地板与餐桌背景墙上的波浪纹装饰板搭配，强化立面表情。

102

图片提供© 两册空间设计

102 引入绿色环保材料，为家增添自然味

灰色硅藻土沙发墙、浅灰树脂砂浆地面，加上回收旧木化身扩音板打造的音响墙，灰与白架构整体空间色调，加入一面深棕原木色，为室内空间串联起户外景致，创造出符合房主热爱自然、居家注入户外氛围的想望空间。

贴士：面对平滑的沙发背景墙与地面，回收旧木的鲜明纹理，仿佛在家中植入了大树的自然质地。

图片提供© 两册空间设计

103 明亮仿玛瑙纹薄砖，刻画空间细腻质感

一进门，玄关墙面与地面即以明亮的薄砖铺排，且一路延伸到客厅与起居室，带有米黄、棕色纹理的仿玛瑙纹理，与木构柱及深色木桌勾勒出最佳平衡色调，并为空间增添光感的细腻度。

贴士：带有温润纹理的仿玛瑙薄砖，搭配黄色晕光的造型壁灯，给冰冷瓷砖质地带来细致温感。

104

图片提供© 石坊空间设计研究

图片提供© 石坊空间设计研究

104 东西方风格与品味的静谧邂逅

现代感的欧风简约家具，遇上风韵犹存的东方老家具、毫不造作的磐多魔灰色地面，成为最佳的展示场地。客厅左右两侧具镂空特性的柜体，覆盖皮革、木头、镀钛板的表层，与家具、装饰相呼应。

贴士：间接灯带光源，打在两侧展示柜上，映照着不同材质的肌理，为空间营造出犹如在博物馆看展的氛围，静谧且具质感。

105 植入折纸理念，白色空间玩出多层次色感

在占比 75% 的白色空间里，设计师以大型折纸理念植入空间，让空间里的石材、漆墙等材质，通过折线设计与灯光、镜面的应用，创造出不同色调层次。

贴士：在多角度切割的空间中，黄色光带映照于不同材质的白上，彰显出鲜明的质地与温度。

图片提供© 石坊空间设计研究

106 流动光线勾勒出材料色的细致样貌

相比以本色表现的天花板与地面，特殊染色的灰白橡木墙，在灯光的烘托下，增添了立面的多变表情，搭配上轻浅的木质色调桌椅，更在素雅的氛围中凝聚了温润质地。

贴士：使用光源方向不定的轨道灯，映照天、地、墙的不同材质，呈现细致肌理与光影的多元变化。

图片提供©六相设计

图片提供©优尼客空间设计

图片提供©两册空间设计

107 清爽湖蓝拼贴，荡漾出水色意象

原卫浴空间昏暗狭小，设计师通过开窗提升采光，清爽的湖蓝色与白色人字形瓷砖拼贴，让空间显得明亮清爽，而活泼的拼贴形式也创造出生动且富有节奏感的水波意象。

贴士：干湿分离隔间采用透明玻璃材质，瓷砖拼贴在视觉上形成连续性，让空间整体感更完整。

108 黄白对比，创造清新童趣

为了在容易受潮的卫浴空间中加深层次感，湿区以地铁砖造型瓷砖铺设，方便清洁，也较有造型感，较不易打湿的区域则以柠檬鲜黄铺成，与全屋的白形成强烈对比，更带来犹如蛋黄一般的童趣感。

贴士：卫浴空间除了瓷砖的铺设，在不易打湿的干区，可以用防水涂料取代，色彩上更具变化，也兼具实用性。

109 亮面灰色地铁砖，丰富空间舒适的质感

延伸整体空间的灰色质朴色彩，卫生间的白墙铺贴抛光亮面地铁砖，在自然光的映照下，透出光泽感，搭配水泥磨石子地面，洗浴空间延续一致的调性，带来明亮与舒适感。

贴士：黑色五金水龙头铁件配置，是淡雅灰白色卫浴空间中的视觉聚焦。

110

图片提供 © FUGE 馥阁设计

图片提供 © FUGE 馥阁设计

110+111 黄色淋浴间串联轻浅色调

在以缤纷多样色调布局的住宅中，主卧卫生间，由房主喜爱的几何墙砖作为延伸串联，另一侧以浅紫单色地砖、墙，暗喻空间的功能转换，搭配大量留白与白色大理石台面，舒爽的配色令人感到心旷神怡。

贴士：在淡紫色与几何墙砖之间的淋浴间，特别采用黄色玻璃门板作为空间串联的介质，搭配透明质感的家具，衬托色彩主题。

图片提供© KC Design Studio 均汉设计

112 红色釉面砖拼贴出趣味立体表情

在卫浴空间内部采用釉面砖，一路铺贴至外部墙面，最后延伸到仅一墙之隔的半开放式厨房，红色调砖墙的强烈装饰效果，创造出另类的空间焦点。

贴士：特制调色的釉面砖通过拼排，创造3D立体视觉，让原本低调的厨房空间更具特色。

113 蓝与白材质虚实交错的色彩变奏曲

在纯白空间中，以蓝、白、黑三色混合地砖区隔客厅区域，几何砖延伸至餐桌设计，与环境多了份联系，深蓝色厨房门框，打造框景般的视觉效果，走入厨房犹如走进一幅画中。

贴士：深蓝色块所切割的立面，为纯白空间拉出明显的空间动线及视觉延伸效果。

114 花砖成主角，砌出端景墙多彩丰富性

在全白色系的空间中，以黑白色花砖活泼地铺排出开放式餐厅的主题墙，搭配红铜吊灯与木质桌椅，为房主营造出木头色系的北欧清新风情。

贴士：墙面铺设黑白花砖相当吸睛，在极简的白色空间里，拉伸出空间立体感。

图片提供© W&Li Design 十颖设计有限公司

114

图片提供 © 寓子空间设计

图片提供 © 六相设计

115 木质空间玩转花砖，创造居家轻缓步调

打开门，地面的图案花砖一路引导视线到餐厨区，浅色调搭配丰富纹路，让原本较狭窄的走道和厨房空间都因这抢眼的地砖，变得更有魅力和宽敞。

贴士：抛光花砖的中性色调为木质色调空间带来些许清爽气息，而花砖纹路为空间带来视觉丰富感。

图片提供©大雄设计

116 徜徉于流动石纹中的大自然浴场

为了在洗浴时光中获得身心完全的解放，设计师以赞美自然为主题，大量采用如云流动的大理石作为墙面与地板的铺面，随着天然纹理的变化与自然光影的转移，让灰色石材产生更多灵性之美。

贴士：除了墙面与地面的石材，在面盆区台面则改用卡拉拉白大理石，以天然石材的色差配搭出深浅色调的变化。

图片提供© 羽筑空间设计

117 深蓝底缀以金葱，展现内敛华丽

图案典雅的花色壁纸是欧式家居空间的一大特色，用于私人空间中可展现个人风格。深蓝色底上缀有金葱图样的壁纸，为整体空间铺陈出一种沉稳内敛的气息，而金葱色则巧妙点缀出几分华丽质感。

贴士：针对深色的壁纸，建议可搭配偏黄光的床头灯或小夜灯，晕黄的灯光能为空间氛围大大加分。

图片提供© W&Li Design 十颖设计有限公司

118 沉稳深木色带来内敛阅读氛围

深木色调为书房空间营造出沉静的阅读调性，搭配黑色家具、陈设以及灯具，除了定义空间属性，于空间中也如同展现艺术品。

贴士：同色调木百叶过滤窗外自然光，温润的光感更为书房空间增添恬静氛围。

图片提供© 怀生国际设计

119 板岩墙面延伸至天花板丰富感官

模拟睡眠时的感官感受，大玩床头背景墙延伸至天花板的材质游戏，墙面使用板岩向上接续至天花板，搭配不规则的木条格栅，丰富主卧视觉效果，建构仿若天然山石的画面，并营造出适合睡眠的静谧空间。

贴士：用仿石纹砖打造室内主墙的天然氛围，与木格栅巧妙构成属于卧室的天花板之美。

图片提供©怀生国际设计

120 深灰色调的静谧感，化收纳于无形

设计师以深灰色调大面积铺陈，带有石纹的质感增添了梦境中奇幻绝伦的意境，墙角处融入黑线、木纹，勾勒几何形状，搭配吊灯装饰，塑造了一方优雅，展现生活亮点。

贴士：墙面暗嵌了衣物收纳空间，不仅让房间立面更为完整，也将所有杂物隐于无形。

121 光，陈述空间质地的细腻与雅致

设计师以灰乐土搭配卡多尼地板构成质朴的空间，雾质感的墙面与光滑的地面，迎接自然光入内，反映在材质肌理表现上，更增添几分细腻雅致的质感。

贴士：自然光顺着白色柜体延伸入内，让光线有了扩散作用，为空间的明亮度增强效果。

121

图片提供©寓子空间设计

图片提供 © 两册空间设计

122 材质简化让空间铺陈更具层次

没有过于复杂的空间色调，以浅灰色的不锈钢、沃克板、树脂砂浆等来体现，结合留白的方式，在同色阶中以不同材质带来层次感，让空间清新无负担。

贴士：白色凸显浅灰色，浅灰色则映照各式家居用品，空间不会抢走驼色皮沙发的光泽风采。

123 糅合多元中性色材质，塑造透净暖宅风

空间里交织着木质天花板桁架的视觉立体感，薄岩板电视背景墙的粗犷以及树脂砂浆地面的光滑，同为中性色调的 3 种材质，围合出和谐的温润感，却又各自表述出属于材质自身的肌理质地。

贴士：大面积木质天花板，映着窗外明亮的采光，为空间带来更多光影色感变化及温度。

图片提供 © 两册空间设计

图片提供© 地所设计

124 雕刻白纹理为空间增添自然灵性

白色空间给人清新、无瑕的完美感，是许多人喜欢的空间调性，此案例以白色作为空间基调，并选择具有优美纹理的雕刻白大理石作为橱柜门板立面，再搭配云纹瓷砖，让白色气质空间更有自然灵性。

贴士：在白色空间中可利用家具配件来增添生活感，例如一张天蓝色造型凳或红色墙面挂画等都会是亮点。

图片提供© 诺禾空间设计

125 大理石与木格栅电视背景墙，创造聚焦点

在客厅区天花板加入圆弧造型，修饰梁位过低的缺陷，并采用浅色墙来化解压迫感，灰色大理石电视背景墙主控视觉焦点，深浅不一的木质色调则是低调陪衬，通过降低柜体的高度与旋转式格栅，让六角窗的采光发挥最大优势。

贴士：全屋彩度不高，电视背景墙以灰色大理石与木皮格栅的不同材质组合，呼应灰色沙发与咖啡色靠枕和扶手，让色彩巧妙呼应。

图片提供© 大秝设计

126 灰色釉砖带给空间柔和氛围

看腻了白色文化石，不妨以釉砖作为新尝试。在整体由浅木色与白色铺成的清新空间中，以灰色的长形釉砖墙，进一步加强空间的柔和感与层次感，也更易清洁，富有光泽。

贴士：釉砖不仅颜色与尺寸的选择多元，也具备便利的清洁实用性，可作为除文化石之外的另一种选择。

图片提供©羽筑空间设计

127 清水质地凝练东方静观哲思

褪去多余的缀饰，家就该是朴实无华的自在居所。在客厅不放电视，而是以水泥砂浆作为一整面浅灰色主墙，在写意水墨画般浓淡自然的色泽间，轻轻释放出生活中空白的余裕。

贴士：若担心水泥质地让空间感觉过冷，可适度搭配木材元素，既能注入温暖感，也能维持自然氛围。

图片提供 © 摩登雅舍室内设计

128 在灰色壁布上点缀高贵金，增添轻奢质感

在白净的书房空间运用灰色壁布铺陈墙面，若隐若现的花纹增添视觉层次，在沉稳的灰色中点缀金色镶边的画框，巧妙带入轻奢质感。同时映衬雾面金单椅与银色茶几，通过家具的点缀，让空间更显高雅气质。

贴士：为了不抢走空间的风采，特别选用刷白的浅灰色木地板，与灰色壁布相呼应，也能延续相同色系，保持一致的视觉。

图片提供 © 大秝设计

129 通过木色的深浅交错，叠加空间层次变化

表现自然的木色除了采用实木板材，也能以木纹瓷砖做到相同效果。客厅以大量深浅木色堆叠出空间的纹理层次，尤其电视主墙的木纹瓷砖呼应地面的板材，搭配一旁的灰色柜体，加强视觉一致性。

贴士：在以原木色为主轴的空间中，不同木纹的深浅变化可以增加空间的层次与丰富度，而色系的统一则能减轻视觉凌乱感。

图片提供 © FUGE 馥阁设计

130 特殊大理石纹结合蓝绿色调诉说东方美学

收藏中式瓷偶的家，如何融入现代空间？设计师利用绿纹白底的大理石带来墨韵质感，在软装上则以隐喻青花瓷的蓝色诉说东方美学，柜体立面覆以淡雅绿烤漆，综合空间风格，让中西完美联结。

贴士：电视墙侧面、设备柜体运用镀钛打造，以此并作为收边材料，提升了空间的精致与大气质感。

131

图片提供© 乐创空间设计

131 以植物为灵感的木质书墙，增添绿意生机

大露台上的一株白水木，将绿意延伸进入室内，成为整面植物造型的木质书墙的设计灵感。充分利用大量日光照射，简练的白色基底更显清丽，超耐磨木地板、实木书墙、实木餐桌和木椅，搭配犹如森林系的北欧风自然设计不做作。

贴士：作为视觉焦点的书墙采用实木制作、堆砌组合，为了让人联想到户外植物墙的美好画面，放上小盆栽装饰，看起来生机盎然。

图片提供©澄橙设计

132 湖水蓝绿波纹砖陪衬绿意窗景，描绘动人北欧风情

房主喜爱的湖水蓝绿色波纹砖贯穿厨房中轴线，与墙面上半部的水蓝色相呼应，搭配如画一般的绿树窗景，奠定烹饪空间的清新北欧风情。下半部铺贴八角砖，并与六角砖地面，增加了空间纹理与变化，也让日后使用清洁更加便利。

贴士：湖水蓝绿色的波纹砖与墙面的水蓝漆相呼应，搭配八角灰色花砖、浅米色六角砖，营造北欧风的清爽质感。

图片提供©摩登雅舍室内设计

图片提供©摩登雅舍室内设计

图片提供©摩登雅舍室内设计

133 灰蓝墙面，衬托优雅底蕴

客厅全面以白色线板铺陈，奠定古典气息，而沙发背景墙正中央则铺贴灰蓝色的花朵壁布，浪漫中不失优雅，沉稳的色系让整体空间更为宁静。搭配绿色几何地毯，带来自然田园的清新质感。

贴士：雅致的金色镜面点缀其中，成为空间中的瞩目焦点，而在一旁辅以金色壁灯与茶几，层层堆叠贵气质感。

134 灰白双色映衬出空间的简洁利落

调整空间格局，将每个房间的入口配置在同一轴线上，并在房间与廊道都采用相同的灰色壁布铺陈墙面，下方则以白色线板相呼应，搭配白色门斗，形成整齐一致的视觉效果。地面铺陈黑白相间的几何砖面，透过图案让空间视觉感受更为丰富。

贴士：为了与线板、门斗搭配，柜面和单椅都选用相同的白色色系，空间色系不显混乱，在廊道天花板上则点缀雾面银吊灯，增添贵气质感。

135 缤纷花砖，菱形铺贴展现秩序感

在狭长的厨房空间中，为了不让墙面显得单调，巧妙运用多色花砖拼贴，使过道展露缤纷亮丽的效果，同时采用菱形铺贴，打造利落整齐的视觉效果。搭配百合白的柜门与天花板，让色彩更加凸出。

贴士：由于花砖本身以米白色打底，因此以大地色的浅色木纹砖相辅相成，奠定空间视觉感受，温润的木色质感带来清新暖意。

图片提供 © 地所设计

136 云朵般的雪白氛围带您进入梦乡

为营造雪白云朵般的轻盈梦幻感，设计师刻意降低了卧室的彩度。除了运用浅白的栓木材质在床头造型外，功能性的书桌区与衣橱墙柜均使用整装定制柜体，并选择浅灰色的不规则纹理，增添视觉的飘逸感。

贴士：在木地板部分特别挑选与整装定制柜体相似的色彩，而窗帘则选用白色，让空间色彩尽量低调、单纯，降低色彩干扰。

图片提供 © 羽筑空间设计

137 柔性色调混搭慵懒生活感

为了让宽敞的卧室空间更有美感，设计师运用原木色木皮搭配带有编织纹理的浅灰紫色壁纸，通过两种材质混搭拼贴，共同营构出一种柔性慵懒的生活氛围，让疲惫的身心能够完全松弛疗愈。

贴士：大面积的墙面若仅采用单一材质，反而会显得单调且有压迫感，不妨挑选两种相异但不冲突的材质混搭，更能彰显设计质感。

图片提供 © 摩登雅舍室内设计

138 清浅木质，注入淡雅气息

延续整体的乡村质感，卧室床头墙面特意铺陈木色壁纸，展露原始自然的纹理，清浅的木色巧妙流露出清新气息。衣柜门板则仿造谷仓门的样式，搭配略带粉色的木皮铺陈，散发微甜质感。

贴士：床头柜与书桌选用浅木色系，与墙面形成和谐的视觉享受，并搭配白色线板，让空间更为立体。

图片提供© 羽筑空间设计

139 引导梦境回归温柔灰色地带

卧室环境与睡眠质量息息相关，尤其对于工作忙碌、压力大的现代人，设计师建议可选用中性色彩如灰蓝色系作为卧室空间主色，并减少过多装饰元素的干扰，让空间的情绪回到最平静、放松的状态。

贴士：在色彩明度上应选择适中的色调，过暗或过亮均不适宜。灯光可采用局部照明来营造氛围。

140

图片提供©羽筑空间设计

140 冷暖色调定义空间性格

应男主人鉴赏音乐的兴趣，客厅区域采用具有吸音效果的美丝板，并保留材质本身的暖色调，与餐厨区域所采用的冷色调的克里夫系统板材形成视觉上的温差，借由颜色赋予空间明确的性格定义，同时也有界定格局的效果。

贴士：两个区域的主要色调虽然不同，但可以巧妙利用局部对象，如餐厅的木质餐桌与客厅的铁件灯饰，糅合两者的调性。

图片提供 © 羽筑空间设计

141 暖色木地板调剂冷感工业风

近年来颇为流行的工业风，在色彩搭配上多偏向金属感较强或冷色系的灰黑调性，对家居空间而言较为冰冷。设计师建议，不妨搭配暖色系的木质感地板来中和空间的温度，同时也能创造舒适的氛围。

贴士：木地板除了能在视觉上增加温感之外，也适合赤足行走或随意坐卧，可让家居空间更增添随性自在的感觉。

图片提供 © 诺禾空间设计

142 饱满木纹与砖色，工业风装点微暖绿意

以工业风定调家居风格，全屋在咖啡色围绕的大地色系风景里，沙发背景墙上文化石红砖色彩深浅错落，带给墙面律动感，自然木纹木皮包覆了墙面，融入黑色铁件展示柜线条与手绘黑板墙等装点，呈现刚硬利落、不乏趣味生动的艺术调性。

贴士：在空间中装点的绿色植物，与电视墙的背景底色达成呼应，搭配展示柜里的木头装饰，丰富了整体的色调层次。

图片提供 © 实适空间设计

143 拼贴的跳跃木色，为空间创造视觉火花

位于空间转换处的餐厅区域，相较于整体空间的宁静蓝色系，以拼接木色墙面为空间创造出令人惊喜的火花，除了 3 种木纹与色彩深浅的交错，适当地搭配带有蓝色调的绿色，不仅为视觉带来更多色彩上的刺激，也进一步加强整体空间的一致性。

贴士：跳色的选择建议以空间主色调为出发点，对比之余可适当加入一点儿相近色，加强视觉和谐感。

144

图片提供 © 大秝设计

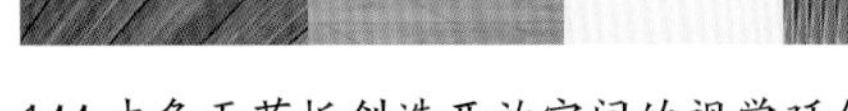

144 木色天花板创造开放空间的视觉延伸

为遮挡原有屋梁，利用大面积深木色天花板贯穿餐厨开放区域，创造视觉延伸，而位于玄关处的玻璃屏风，则以长虹与格子交错的压花玻璃配置，制造清透的层次，与铁件搭配，带来整体空间的稳重感。

贴士：天花板的木纹质感除了能创造视觉层次，更能进一步加强视觉延伸，减弱深木色的色彩重量。

图片提供©摩登雅舍室内设计

145 米黄文化石，奠定古堡氛围

在客厅中大量铺陈深木色地板与百叶窗，搭配同色系的沙发、茶几，为空间奠定沉稳基调，而沙发背景墙则特地运用米黄色文化石，打造宛如古堡般的大气质感，同时浅色系的铺陈反而成为空间的突出亮点。

贴士：搭配波希米亚风的图案地毯，洋溢神秘的异国风情，在深色空间中打造瞩目焦点。

图片提供©诺禾空间设计

146 黑白对比大理石美耐板，气质沉稳大气

公共空间以低彩度的黑、白、灰为主，并在墙面与家具融入大量时髦且备受女主人喜爱的大理石元素，使用大理石美耐板，搭配金属装饰，宛如专业的摄影棚背景。天花板呼应超耐磨木地板的木皮色，为客厅、餐厅界定空间。

贴士：电视、音响设备体量大，以黑色大理石美耐板作为电视墙，呈现沉稳大气之感，反之黑白对比容易显得笨重。

图片提供©地所设计

147 由深而浅地叠加出稳重空间的层次

为了营造出现代日式的家居风情，在家具的材质选择上，偏重大量使用木材与皮革在空间硬件上，则采用白橡实木线板做染色处理来铺陈整面沙发背景墙，和谐地衬托出雾灰色皮革沙发、深褐色木餐柜，让空间展现沉稳的氛围。

贴士：地板部分特别挑选黑色的海岛型木地板，让地面到墙面由深到浅地呈现出丰富而稳重的层次感。

图片提供©羽筑空间设计

148 富有生命力的砖墙的粗犷本色

一般家居空间常用复古红砖或文化石打造端景墙，但本案例是直接让建筑墙体本身的红砖墙裸露出来，并且保留左下角局部的白色墙面，呈现出一股粗犷而自然的力道，让空间改造的故事留在设计中。

贴士：裸露砖墙可利用亚克力透明漆加以处理及保护，就能避免粉尘散落的问题。

149

图片提供©羽筑空间设计

图片提供©地所设计

149 沉稳深黑色系打造复古人文风采

为了让整体空间呈现复古氛围，在材质上以深黑色系为主，如吧台区域使用复古六角花砖，结合黑色铁件勾勒细部质感，木地板挑选偏灰棕色的材质，共同建构出一种静谧又沉稳的怀旧风格。

贴士：若要让家居空间整体色调展现较沉稳、神秘的感觉，不妨将空间的采光亮度降低，以局部照明来点亮氛围。

150 银箔与竹卷帘交织的淡雅日式禅风

玄关是空间给人的第一印象，通过入口玄关的造景设计可将家的精神集中表达出来。设计师先选定珍贵银箔铺贴出有着细腻光感的端景墙，搭配左侧落地玻璃窗，透过光影的反射变化，形成具有日式禅意的空间表情。

贴士：在落地窗旁挂上竹卷帘，除了具有光线调节的作用，质朴的竹卷帘质感与银箔墙面呼应，凸显禅风气息。

图片提供©摩登雅舍室内设计

151 大地色乱石拼贴，彰显粗犷乡村韵味

为了重现田园乡村韵味，书房墙面特地以天然石材铺陈，乱石拼贴的设计搭配原始大地色系，展露粗犷质朴风格。深木色窗框与门窗自然融入石墙，搭配烟熏木地板，打造沉稳质感。

贴士：巧妙点缀的古典书桌，深色刷白的桌面，带来复古陈旧质感。

图片提供© 羽筑空间设计

152 冷靛青色为家居注入安定能量

厌倦了一成不变的白色墙面，但又不知道该如何选色的话，设计师认为靛青色或蓝色系是容易上手的安全牌！如本案例中电视背景墙选择了颜色稳重的靛青色壁纸，让整个空间焕然一新，散发着令人安心的气息。

贴士：墙面上下以灰色收边的方式处理，让整体的结构感更加井然有序，也更增添了空间的色彩丰富度。

图片提供 © 地所设计

153 游走于黑与灰之间的静谧境界

通过黑、灰、白之间的游走，空间在单色中营造出冷静与和谐的宁静氛围。首先在电视墙铺陈深灰色壁纸与黑色木皮作为主视觉，再利用外围黑色木柜来界定书房区，搭配一灰、一白的家具，则有了对比的趣味性。

贴士：地面是深灰色超耐磨地板，不分区的延伸纹理可让空间有蔓延放大的效果。

图片提供 © W&Li Design 十颖设计有限公司

154 多样材质铺排，交织出空间深邃的温润色调

白色仿石砖与普鲁士蓝电视背景墙壁布拼接，不同材质的铺排，形成空间色块的明显分区，但又巧妙地与大理石地面，以同色调配色模式，将地面与立面形生一气呵成的连贯。

贴士：石、砖、布与金属等不同材质，借由相近色等多重手法转换空间表情，于沉稳的主调中透露出细致的生活品位。

图片提供 © 大雄设计

155 多层次的冷灰色，塑造极简风格的餐厅

有别于一般温馨风格的餐厅，设计师选择中性灰的岩砖拼贴出主墙，再以深色走道与浅灰餐桌区的双色木地板定位出餐厅区，通过不同质感与彩度的灰色，营造出近乎全灰的极简单色空间。

贴士：为避免灰色墙面过于暗淡，在侧边以条镜设计做出反光面，可为单一的灰色空间增加亮点。

图片提供 © 大秝设计

图片提供 © W&Li Design 十颖设计有限公司

图片提供 © 大秝设计

156 以材质纹理增添空间质感

深色调的空间可以带来光影的最佳效果，通过材质纹理的穿插变化，无论是从百叶窗透进的自然光，还是通过造型灯泡或间接光源的人造光，皆能为家居空间带来明暗与线条的丰富变化。

贴士：深色系的材质带给家居空间沉稳的质感，在统一的色调下，材质的纹理是创造空间层次的关键。

157 镜面天花板反射地面，延展白色视觉尺度

自餐厅一路通往私人领域空间的廊道天花板，以大量镜面铺叙，呈现出反射影像，映照出大理石地面的光亮白色，使空间获得渐层的延伸，瞬间放大空间感。

贴士：借由镜面材质的反射效果，更深化展现地面与餐桌大理石亮面纹理质地的表情，为空间制造更丰富的画面。

158 光影衬托材质纹理，加强空间的沉稳质感

以黑色石材纹作为卧室主墙，对应两侧的浅色墙面与柜体，视觉焦点迅速聚集，并通过灯带增加视觉变化，加强空间层次，多视角的光源能让石材、皮革等材质纹理更加凸显。

贴士：不同的材质纹理，在光影变化下更能带给空间质感。

159

图片提供 © FUGE 馥阁设计

159 深蓝绷布配双木纹地板，创造沉稳利落感

在三代同堂的双拼大宅中，年轻一代的住所呈现现代利落的风貌，男孩房床头主墙饰采用蓝色绷布，配上简洁的线条分割造型，地板则特别搭配独特的双色木纹，赋予空间沉稳宁静的调性。

贴士：床头侧边悬挂着由利落线条打造的灯具，黑金色的搭配更显个性，角落的蓝色单椅呼应着整体调性。

图片提供©明代室内装修设计有限公司

图片提供©怀生国际设计

图片提供©采荷室内设计

160 灰布屏风柔化石材的生硬表情

在此案例的客厅中以灰色大理石打造主墙，搭配木材铺排的玄关柜体，拉出空间的气度，但为调和刚硬的材质，以布饰屏风做了质地上的转换。

贴士：刻意配置大理石同色系的布饰屏风，柔化木石的刚硬质地，纹理分明的织纹凸显表面的细致与空间质感。

161 水泥灰墙搭配拼木材质，打造个性卧室

为了烘托年轻男主人的阳光个性，设计师以水泥灰墙搭配人字拼木材质，设计独一无二卧室墙面，墙上的手绘哈士奇素描让人一眼难忘，而和谐的色调柔和了空间中的刚直线条。

贴士：空间中的水泥灰色系与木材质颜色的组合搭配，大气展现出帅气的本色。

162 缤纷彩砖拼出自在用餐的氛围

由于厨房占地较小，设计师使用明亮配色的彩砖提升视觉丰富性，墙面使用蓝色瓷砖，搭配粉彩方口砖平台，在视觉上带来一定程度的丰富鲜丽，舒缓压迫感。

贴士：天花板木条装饰不仅拉高空间的视觉感，同时能创造出乡村风格的轻松氛围。

163

图片提供©明代室内装修设计有限公司

163+164 木材彰显无压迫感的清透气息

以木材架构的开放式公共区，依循不同木质的细节与色彩，在户外光影大面积流泻入内时，质地有了更多的丰富性，营造出温润静谧的流动感，搭以浅灰色沙发，空间调性更为平和舒适。

贴士：深浅不一及纹理各异的木料材质，因同为木色而有一致的调性，但在光影作用下，可以带来更细致的色调层次感。

图片提供©明代室内装修设计有限公司

图片提供©明代室内装修设计有限公司

图片提供©明代室内装修设计有限公司

165+166 粗犷线条中的暖意风情

单身男性房主，偏好刚劲的家居风格，因此以水泥与板材交织营造粗犷质感，再以厚薄不一的板材拼贴出墨绿色电视背景墙的深浅立面，比木色的地面透出更多温度。

贴士：以浅色调为空间主要基底，融入温暖木质色调与大地色的家具，呼应空间本身具有优势的采光条件。

167 放肆的石材纹使人踏进便难以忘怀

设计师颠覆一般卧室的概念，将华丽的石纹肌理带入空间并大面积延伸，构成强烈的视觉意象，床头背景墙则回归适切的生活语汇，融合两种截然不同的质感。

贴士：更衣间以不规则的多边形拼接墙面，凸显了我行我素的个性风格。

167

图片提供 © 怀生国际设计

图片提供 © 大湖森林设计

168+169 深浅交错反而带来特有的宁静致远

在二进式的玄关中，设计师不以单一色墙面展现，反而以木材直式交错的手法开启入门序幕，天花板、墙壁的不同实木材料搭配原石地板，创造仿若走入森林的动线。左右两边穿衣镜与鞋物玄关收纳柜暗置其中，别有韵致。

贴士：由暗至明的光线营造柳暗花明的感觉，深浅木色更展现出不造作的艺术氛围。

图片提供 © 大湖森林设计

170

图片提供© 明代室内装修设计有限公司

171

图片提供© 明代室内装修设计有限公司

图片提供©采荷室内设计

图片提供©采荷室内设计

170+171 多元木质搭配休闲风雅居

注入阳光、绿意，结合休闲风的规划，以木餐桌为轴心，扩散出不同木材质的应用，橡木地板、木皮、胡桃木饰板，让空间有着多层次的温暖调性，加上少量黑色铁件、灯饰及灰色沙发，为空间增添了简约的现代感。

贴士：深浅不同的木纹理在空间中起到了丰富视觉的效果，布面灰沙发平衡了空间视觉的冷暖呈现。

172 用一屋的多彩缤纷打造匠人风情

房主喜欢拼布，也爱下厨。因此，设计师特别利用像是拼布图案的花砖装饰墙面，并增设了木砖混搭的造型吧台，搭配上方的吊灯装饰与彩色砖墙，给公共区与厨房做出界定，相似的风格让空间完全不违和。

贴士：墙砖斜拼能创造出活泼随性的氛围，与马赛克吊灯相衬，特别适合乡村风的厨房空间。

173 活用色彩界定格局动线

在以乡村风为设计主轴的空间中，相连的餐厅和客厅在配色上都用了紫色，整合了色彩的视觉效果。精准而清楚地描绘出空间的界定，即使两个空间各自色彩缤纷，也因为有共同的用色，而产生相连感。

贴士：在缤纷的色彩中重复使用某种颜色，可在空间中暗示出区域的界定。

图片提供©采荷室内设计

图片提供©采荷室内设计

174 细腻的材质配色，让空间更自然

房主虽然人到中年，但喜欢在空间设计中挑战新鲜事物，设计师特地找到了法拉利红的抽油烟机，并置于角落，搭配厨房中带有细纹路的粉嫩绿色墙面，与亮蓝、藻绿等色彩相得益彰，厨房空间精致又充满巧思。

贴士：在乡村风格的设计下，乱中有序的色彩序列更能塑造出空间中跳跃的活泼感。

175 相近色彩构成和谐的立面

为营造属于轻乡村风的温暖生活气息，设计师在背景墙上运用明度相近但彩度不同的色砖，与纯白橱柜搭配，构成丰富和谐的缤纷画面，用色彩构成清新自然的腔调。

贴士：方口砖的光洁亮面，与不反光的木柜搭配，一明一暗互补，提升立面丰富度。

176+177 金灿银灰塑造恢宏气势

空间大门位于右手边，开门而进就是橘黄纹路堆叠出的瑰丽玻璃柜，搭配石纹壁柜与地板，恢宏的气势浑然天成，更能作为廊道的另一端景，旋涡奇幻的反射视觉效果，塑造独一无二的空间个性。

贴士：旋涡奇幻的艺术玻璃门具有反映效果，与金色玄关门相辅相成。

图片提供© 大湖森林设计

图片提供© 大湖森林设计

图片提供© 大湖森林设计

178 翠绿平台与窗外绿景相映成趣

设计师将客厅、厨房和餐厅一气呵成地打造成无阻隔的开放空间，选用莫奈笔下荷花池绿色的石材中岛与窗外绿荫相呼应，在不同层次的天花板巧饰下，成为空间中的艺术端景。

贴士：在沙发上方横梁旁以方形环状天花板设计，带来照明与立体端景，同时隐藏原本的大梁，呈现不凡的气势。

图片提供 © 大湖森林设计

179 半透粉玻璃门巧妙转换光线

主卧中的浴室不想只有单一的瓷砖设计，设计师别出心裁采用象征幸福、桃花的粉樱花色作为门板用色，透光的玻璃质感，当日光洒进，往往能带来满室明亮粉嫩的气象，为房主带来幸福佳缘。

贴士：半透粉的干湿分离门不仅可保持室内干爽，同时透光，可创造独一无二的光线。

180

图片提供 © 采荷室内设计

图片提供©采荷室内设计

180 不规则砖墙营造舒服的小镇风格

一开始房主便表示，期望能拥有居住在山城小屋的氛围，于是设计师用各种拼砖塑造自然的感觉，先把厨房规划成绿色，而在餐厅则将墙面利用木条装饰成欧风小屋常见的形式，实现了房主梦想中的山城小筑。

贴士：大梁常成为空间的无形压迫，运用实木装饰则能与砖墙融合，创造有趣的墙面。

181 相似色让空间更显自在舒适

年长的房主夫妻，虽憧憬乡村风，但厨房规划仍倾向简单实用。设计师避开五彩缤纷的配色模式，运用饱和度稍低的色彩搭配，像偏紫的染木色、轻原木色等大地色系，自然拼接出一室和谐。

贴士：色调接近但饱和度略低的色彩，最能展现低调耐看的质感。

图片提供©采荷室内设计

182 用森林系清新色构筑餐厨空间

说到用餐煮食的空间，设计师往往偏爱选用暖色调且明亮的色彩作为基底，本案例则完全跳脱世俗观点，大胆选用偏灰偏暗的松木绿，搭配不饱和的藕色砖，反而塑造出清新的森林感。

贴士：运用木材、砖色的搭配，最能创造耐看的自然空间色彩。

第二章

涂装色彩，是一般大众常用来变换家居色彩的方式，多以同色系、邻近色或互补色等搭配方法来表现。除了色彩与色彩的搭配，利用彩度微调空间感受，单一颜色的使用，还是以无色彩的黑、灰、白等做搭配，都能获得和谐又不失色彩独特性的空间感受。

图片提供©十一日晴设计

183 互补跳色为空间带来活泼调性

饱和色调的对比效果，在一片和谐的空间视觉当中，让人眼前一亮，以高彩度、高明度的颜色装点家居空间，让空间透出浓烈的彩度，展现奔放的活力，但也不要忘了适度留白，才能创造更舒适的视觉感受。

184 趋同求异的邻近色营造和谐感

在空间涂料的配色当中，时常可见不同色阶的邻近色做搭配，让空间色彩趋同求异，组成和谐又丰富的色感。

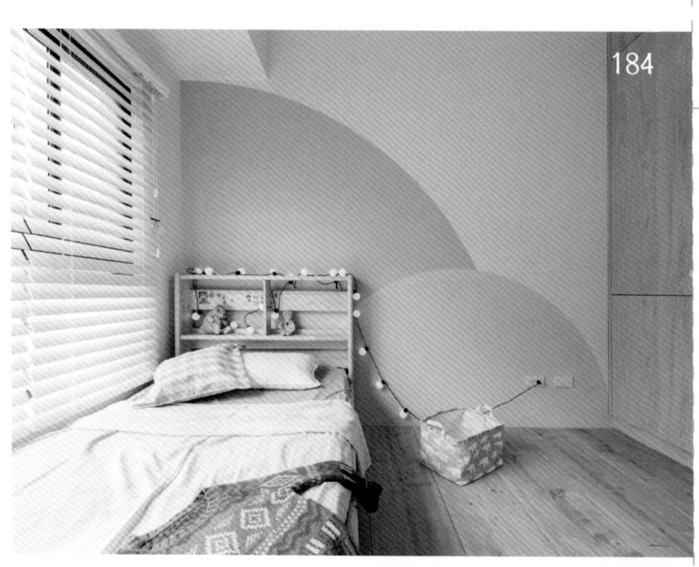

图片提供©寓子空间设计

图片提供© 巢空间室内设计

185 单色主题墙创造视觉焦点

为了避免空间颜色过于平淡无味，或一下子交叠太多色系，不妨透过鲜明的单一色主题墙创造视觉焦点，借由颜色来叙说空间故事，或适度以同色调的深浅交错装点，强化空间色彩的特色。

186 光线用来烘托涂料色调的质地

光线在涂料色的运用上，以自然光做烘托，结合邻近色与中性色的调和作用，色调因此更显细致。而对于有鲜明色块的主题墙而言，则会适度地运用间接照明光带、投射灯等，前者借由光带带来渐层效果，后者则采用洗墙或聚拢方式，让视觉焦点集中于墙面鲜明的色彩上。

图片提供© 寓子空间设计

图片提供© 巢空间室内设计

187 **清新的鹅黄色调，提升空间的阳光感**

以明亮的涂料勾勒多功能的日式房间，响应了房主活泼的性格。对比两侧白墙，鹅黄色调为空间拉出主题墙的效果，无论是自然光或是投射灯的映照，都能增添一抹光感与温度。

贴士：温暖的鹅黄色作为空间墙面的主角，映衬着木质地板，让原色素材更加温润。

188

图片提供© 澄橙设计

图片提供© 禾光室内装修设计

188 缤纷的粉红主墙与小物，编织出美丽的童年回忆

用粉红色装点女儿房的主墙，下方建构仿水泥漆的矮台，成为摆放娃娃、玩具等小物件的展示平台。亮色主墙搭配五颜六色的玩具、饰品，让其余墙面留白，除了具有聚焦功能之外，也能令小朋友安然入眠。

贴士：儿童房空间三面留白，仅在床头侧以粉红、仿水泥漆构成主墙面，凝聚视觉焦点。

189 浅绿主墙配浅色木纹，打造无压迫感的睡眠环境

覆以浅绿色刷漆墙面的儿童房，搭配童趣墙壁贴纸装点，增添活泼氛围，而浅绿色给予孩子舒适的视觉感受，结合大自然的质朴木纹地面、柜体运用，营造出舒服的睡眠环境。

贴士：在面积有限的状况下，床区超耐磨地板以浅色木纹为主，走道部分则搭配深色木纹做出区分。

图片提供© 巢空间室内设计

190 倚着水蓝背景墙，迎接海洋的澄净想象

设计师特别为喜爱蓝色的女房主在主卧床铺背景墙刷水蓝色漆料，借此彰显居住者的个人色彩，也满足她徜徉蔚蓝海岸的想象，在专属的私密空间，获得更放松的疗愈感。

贴士：为了呼应蓝色主题墙，床品选用了同色调的蓝色系亮丽织品做帮衬。

图片提供 © 曾建豪建筑师事务所

191 森林绿餐厅展示墙，自然而疗愈

森林绿的餐厅展示墙，在全屋纯白墙色的对比下，创造出强烈聚焦效果，即便仅搭配宜家的层板，依然能提升整面墙的设计质感。而通过不同颜色、材质的组合，大地色的森林绿、餐厅的文化石砖墙、厨房的锈铁色地砖，令空间具有自然感。

贴士：充满疗愈的森林绿墙面，连接白色文化石砖墙，由房主一并砌造而成，自然不做作的手法，更优于无瑕的匠气。

图片提供 © 子境空间设计

192 天空蓝背景墙减轻了立面视觉重量

老夫妻在儿子成家立业之际，将自家格局重装，规划出新房，设计师以新人喜欢的简约日系风为基调，沙发背景墙运用天空蓝塑造轻盈自在的日系质感，与焦糖色皮沙发混搭，营造出既明快又带有淡淡复古的空间印象。

贴士：优雅的浅蓝色调能恰到好处地衬托木质家居软装与皮革沙发，打造属于年轻小夫妇特有的缤纷暖度。

图片提供 © 乐创空间设计

193 水蓝色海洋，让全家怀有环游世界的梦想

客厅沙发背景墙涂刷淡雅的水蓝色，对比白色基底及浅灰色沙发，自成一面成为视觉焦点。由于房主的职业是老师，为了给孩子培养世界观，特地搭配一面世界地图，设计立体凸出，让陆地板块更显眼，整面墙就是整个海洋。

贴士：象征海洋的水蓝色沙发背景墙、木质的世界地图装饰，营造出墙面立体感，像是在描绘环游世界的梦想。

图片提供©澄橙设计

194 灰色、白色漆作为背景，凸显缤纷童书与绿意的空间

结合北欧风、工业风、日式杂货风的客厅空间，舍弃了传统电视墙面，以色彩缤纷的童书为视觉主题，角落搭配女主人悉心种植、搜集的绿色盆栽与各式装饰小物。色彩纷呈的环境简单刷涂了百合白与浅灰漆，凸显主、配角，让空间丰富而不杂乱，透出浓浓童趣生活气息。

贴士：以百合白与浅灰为客厅背景色，以童书、盆栽、玩具作为空间色彩主轴，在小朋友成长过程中给予最大的生活弹性与趣味。

195

图片提供©乐创空间设计

195 米黄色云朵墙，带着童心轻轻飘浮

将此前给家中长辈使用的房间改装成色彩缤纷的游戏室，让家里的孩子可在此开心玩耍。把墙面当作白色画布，在米黄色的云朵墙上，安装白色云朵灯，让童心跟着飘浮起来，在墙上置入一块小木屋外形的黑板墙，与木制斜屋顶相呼应，宛如森林小木屋的童话故事。

贴士：比照白色云朵灯的圆弧线条，特意让主墙视觉米黄色不涂满，营造飘浮的轻盈感，带入童趣。

图片提供©澄橙设计

图片提供©曾建豪建筑师事务所

196 马卡龙粉紫描绘全家用餐的温馨画面

客厅延续开放公共空间的北欧风格，利用马卡龙粉紫装点墙面，搭配简洁圆弧收边的木质餐桌椅，令用餐空间显得更加温馨柔美。后方黑板漆墙面是为小女儿准备的创作空间，而粉紫一侧则在 90 厘米以上设计洞洞板，利用木棍与层板做出可灵活组合的展示区与挂钩入口，大大提升日后使用弹性。

贴士：用粉紫色涂满餐厅立面，搭配白色拉门，在黑板漆与外露管线等阳刚元素反差的陪衬下，空间顿时充满浓浓马卡龙的浪漫氛围。

197 粉红色小女孩房的梦幻小木屋

在白色基调的墙面上，通过主墙色彩直接表现男孩房、女孩房，小女孩偏爱的粉红色流露出纯真梦幻，靠近墙面打造出小木屋造型的展示柜，木板的白色线条令粉红色印象墙表情更立体，摆上玩偶和绘本，简化硬装，使空间显得落落大方。

贴士：白色与粉红色塑造了女孩房的梦幻印象，木制百叶窗与展示柜则分别增加了白色线条的立体感。

图片提供©诺禾空间设计

198 浅蓝色海洋风情，纯色空间更显透亮

客厅沙发背景墙挥洒着浅蓝色调，沙发选择同色系，带来了蓝色海洋的浪漫风情，全屋以白色作为基底，搭配简约不繁复的线板雕琢，墙面不带任何装饰的留白表情，以玻璃拉门替代隔间，采光通透，使空间更加纯净明亮。

贴士：轻美式风格着重轻装修，善用涂墙色彩铺叙生活质感，浅蓝色彩符号代表海洋，有海阔天空的寓意。

图片提供©方构制作空间设计

199 皮革色、木质色与涂料色，混搭出人文复古风

为彰显房主喜爱的复古率性工业风，在有限面积中大玩材料色混搭艺术，用主客厅背景墙的草绿色与沙发的皮革色构建出老美式风格，光线穿透百叶窗，这一小块区域既潮也复古，碰撞出的画面总能让人久久不忘。

贴士：饱和度高但亮度低的搭配，不仅能让色彩观感更协调，也能为不同材质创造新的融合层次。

图片提供©北鸥室内设计

200 清新黄色展示柜陈列美好生活记忆

客厅电视墙侧面的黄色展示柜，起到收纳与间隔作用，在黄底白格子的多功能柜上，摆放了诸多充满记忆的装饰品，以纯度低的黄色和素色空间保持协调性，并增加亮丽感觉，为北欧风空间增添视觉亮点。

贴士：展示柜并不是非得摆满物品，刻意保留局部空白，除了可让柜底的黄色显露出来外，也促成更具呼吸感的画面。

图片提供©纬杰设计

201 注入富有朝气的色彩，描绘现代风的轻工业表情

以天蓝色铺陈卧室墙面，展现活泼生动的个性，让阅读氛围更有朝气，床头与悬吊书桌一体成形，则运用浅木色连接，带来体量与家具的轻盈感，而木色表现则建立于利落线性之上，诠释年轻利落的空间印象。

贴士：黑色铁件除了作为层板支架使用，也运用于墙面饰边，打造空间表情的立体性，给卧室加入轻工业的元素。

图片提供©澄橙设计

202 碧玉绿、鲜黄色亮彩夺目，点出轻松美式风格主题

白色百叶、线板、深灰布面沙发搭配鲜黄、碧绿色彩主墙，省略多余的体量或线条，利落勾勒出轻松自在的美式家居风格。木层板环绕大窗，随性摆放就是最贴近生活的美丽画面，妥善利用空间收纳，展示书籍、照片等生活小物。

贴士：碧玉绿背景墙搭配黄色挂画，用明亮鲜艳的两色叠加，描绘出活泼自在的美式家居风格。

203

图片提供©原晨室内设计

204

图片提供©北鸥室内设计

图片提供© 方构制作空间设计

203 大面积的宁静蓝铺陈，舒适又迷人

在开放的客厅餐厅中，墙面与梁柱全面铺陈宁静蓝，大面积的设计有效塑造空间氛围，带来优雅舒适的气息。本身带灰的色调无形中稳定了重心，与白色天花板、家具相衬，蓝白相间的质感，展现美式居家的高雅调性。

贴士：沙发背景墙以白色文化石铺陈，辅以白色柜面与天花板，通过多种材质，展现不同白色的丰富层次。

204 蓝天、白云、绿意般的自然想象

既是客厅，也是书房，打造清爽的蓝色展示墙，结合白色层架与书桌以及随意放置的懒人沙发，让这个角落自成一体，形成清新的一方天地，并借着大面积落地窗引入采光，让空间充满蓝天、白云、好天气的美好联想。

贴士：借着采光好的条件，随意装点一些绿色植物，除了达到净化空气的作用，翠绿也让空间彩度更为丰富，带来自然的生机。

图片提供© 方构制作空间设计

205+206 抓住空间神韵，打造理想中的梦幻宅邸

女房主偏爱黄与蓝，于是设计师将两个核心色彩带入设计细节，以色彩串联空间，客厅主墙柜体的悬浮设计减轻了墙面重量，刷上鲜艳的蓝、黄跳色，形成错落的美感，在自然光线照射下，仿佛有了光合作用，为家带来自在舒心的神韵。

贴士：有了色彩烘托，在白色立灯简约造型的演绎下，仿佛把家带进了北欧国度，孕育出满满生活感。

图片提供© 优尼客空间设计

207 一致色调，提升空间和谐质感

餐厅空间以带有灰色调的木色铺陈，构筑沉着平稳的空间调性，同样带点儿灰调的绿则在和谐中为空间注入活泼的特质，与餐椅等家具的呼应更为整体空间增添完整性。

贴士：带有灰调的嫩绿可以为沉稳的空间带来更多活力，同时加强视觉和谐感。

208

图片提供© 大秝设计

图片提供 © 优尼客空间设计

208 以柔和色系堆叠出童趣氛围

以清爽的淡鹅黄作为儿童房的主色，在日光的映照下，整体空间显得更加柔和舒适，小屋形状的门板设计则增加了更多趣味变化，此外，柜体内部层板特别加入蓝色与绿色点缀，呼应一旁的保护垫，童趣感十足。

贴士：建议儿童房以柔和的浅色系为空间主色，在视觉上更舒适，也能衬托玩具与童趣配件的缤纷色彩。

209 用色彩，为家创造蓝天白云绿树

呼应窗外鲜活的树景，以蓝墙作为家中天空的基底，并通过抱枕、地毯等软装加强蓝天绿地的印象，墙上的 3 幅画便是天空中的白云，在家中也能享受童书般的视觉乐趣。

贴士：当空间的主题色系确定后，不宜以彩度过高的颜色抢过主题色系的风采，大胆的留白才能衬托空间主轴。

210 大胆使用纯色，碰撞出独特的家居风格

在大面积的留白与原木色的天地之间，大胆以纯色系的绿色黑板漆作为客厅、餐厅主墙的用色，创造出别具一格的空间氛围，纯色的质感也带给家居另一种趣味风貌。

贴士：纯色的使用必须弱化周围色彩的使用，像以白色或木色为主，达到跳色的最佳效果。

图片提供 © 实适空间设计

图片提供 © HATCH Interior Design Co. 合砌设计有限公司

图片提供 © 方构制作空间设计

图片提供 © 方构制作空间设计

211 三角拼色勾勒点点图案，创造活泼的童趣感

儿童房主色调以公共区、廊道的浅灰为延伸，墙面选用浅灰、粉红、白色画出三角色块，白色区域利用洞洞板创作出点点图案，给空间增添了活泼趣味。

贴士：主墙颜色维持在两种颜色，太多色彩会令视觉杂乱，而浅色木地板与公共区色调一致，空间具有整体连贯性。

212+213 让孩子自在长大的日常色彩

明亮舒适的日常居家环境是一家四口对家居空间共同的期待。儿童房摒除了多余家具，保留大片空间让孩子自在玩耍，嵌入式的落地柜以明亮的嫩粉色取代原木色，多元收纳格柜仿若童话版变形金刚，清爽的色彩让空间更显清新。

贴士：实木人字拼木地板从客厅延续而来，在儿童房中地板的彩度减到最淡，把视觉重点还给立面，唤出空间的舒适感。

214 清新天空蓝让心情愉悦飞扬

本案例主卧室采用美式乡村风格，设计师运用清新明亮的天空蓝作为空间主题色调，以大面积开窗引入充足采光，搭配纯白床品，让人仿佛化身为飘浮在湛蓝天空中的朵朵白云，心情也随之晴朗雀跃。

贴士：除了墙面采用天空蓝为主色之外，床头柜的台面也是同样的主题色调，搭配下方白色木质柜体，既实用，又美观。

214

图片提供© 羽筑空间设计

图片提供© 乐创空间设计

215 湖水绿床头墙，湖光水色的睡眠空间

卧室以营造清新的睡眠环境为宗旨，暖色调铺陈空间色彩，床头背景墙涂上湖水绿，摆上一张相近色的淡紫色沙发单椅，搭配花草布窗帘，透光纱帘引入暖暖日光，一盏亮黄色立灯在湖水绿墙面前，犹如太阳照亮家般的温暖。

贴士：环绕湖水绿床头背景墙，与周边软装搭配出湖光水色的自然色彩风情，带来悠闲的北欧风情。

图片提供© 实适空间设计

216 嫩绿对应木色，令人放松的自然系卧室

柔和的嫩绿色为卧室空间带来清新舒适的视觉氛围，搭配原木家具与木质地板，在日光的照射下，与自然色系呼应，让人置身其中便能获得身心的放松，舒缓生活中的压力与辛劳。

贴士：嫩绿色、黄色与原木色的搭配，带给人犹如置身自然中悠然自得的感觉。

217

图片提供© 摩登雅舍室内设计

图片提供© 纬杰设计

217 清新藕粉色，点缀优雅情调

运用白色线板为餐厅拉出边框，并以文化石墙面增添视觉层次，奠定优雅的美式基础。而墙面辅以藕粉色铺陈，下方则配置线板，粉白双色的搭配，展现清丽高雅的视觉效果。

贴士：为了凸显高雅质感，特地搭配雾金色古典吊灯，低调的雾面色泽，悄然蔓延奢华质感。

218 清新绿意，勾勒孩子的草原梦境

儿童房的床紧邻窗户，可接收到美好的自然采光，搭配着浅绿色墙面，形成温暖舒适的场景，床头用木纹色包覆，让使用者可在温润质朴的氛围中熟睡，并将孩子的涂鸦作品作为装饰，放置于床头，形成温馨焦点。

贴士：刻意选用红色的椅子做跳色，形成视觉亮点，天花板、梁柱加入黑色装点，提升整体空间的高度，带给房间层次感。

图片提供© 实适空间设计

219 水泥与木色，创造带有温度的现代风格

暖灰色的空间主调，给水泥感的现代风格注入一丝暖意，腰带的留白处理则在视觉比例上做出区隔与层次，上半部以水泥吊灯带来线条变化，下半部则以暖木与纯色餐椅创造视觉亮点，增添餐厅空间的趣味性。

贴士：涂料与配件色系若能相呼应，可以为空间带来稳定的一致性，同时线条变化，增加视觉层次。

图片提供 © 羽筑空间设计

图片提供 © 实适空间设计

220 特调湖水蓝营造北欧印象

如湖水般梦幻甜美的湖水蓝是许多女性心目中首选的主题色调，在本案例中为了让湖水蓝更耐看且好搭配，设计师刻意将色彩略微调淡，作为电视主墙的底色，与整体空间的北欧风格十分相衬。

贴士：适度搭配质感精致的配件可以让设计感大大提升，如本案例中选用的玫瑰金色灯饰，微微点缀出轻盈的奢华感。

图片提供© 北鸥室内设计

221 善用腰墙设计，兼具个性与视觉的和谐

若不敢在卧室中采用大面积的色墙，可以试着以腰墙的方式呈现，让色彩水平高度切齐床头，视觉上更加整洁一致，同时以床头布艺的颜色呼应墙面的蓝，进一步加强主题色，让个性更鲜明。

贴士：大面积的留白处理，弱化空间原有的零散线条，同时将空间色彩维持相同水平，取得个性与柔和的视觉平衡。

222 舒适清爽，天空般的蓝色视野

在男孩房大面积挥洒设计师自调的浅蓝色，贴近房主心目中的清爽色调，并以同色系床单呼应，创造和谐的视觉层次，带来关于海洋或天空的自由联想，同时融入简约的空间线条，搭配造型铁件床头灯，展现爽朗的卧室表情。

贴士：以冷色蓝与中性白建构清爽氛围，带入暖色系床头灯洒落温暖光源，适当中和清冷感，并形成对比效果。

图片提供© 大秝设计

223 小面积色墙，创造空间亮点

以浅色为主的卧室空间，应房主的喜好，以L形的木色天花板作为主墙中心，人字拼设计则带来更多视觉变化。另外，一旁搭配的薄荷绿，为几近纯色的空间增添彩度与生机。

贴士：若想在清爽的空间中加入鲜艳色彩，建议可先从小面积下手，具有画龙点睛的效果，也不易失手。

图片提供© 日作空间设计

224 灰白色涂料创造明亮层次效果

本案例是 132 平方米的老房改造，玄关处铺设黑色地砖并做出高低落差界定空间范畴，从入口串联至客厅的墙面选择带米色的灰白色涂料，结合窗外采光创造明亮的氛围，以添加了稻草梗的涂料为背景，则更能拉出与前景物件的层次感。

贴士：玄关的黑色地砖元素串联至客厅，与比例较小的天花板灯槽、壁灯呼应，空间更有连贯性。

225 纯白色搭配好采光，打造会呼吸的空间感

采用纯白、浅色调搭配木元素，营造极简的北欧空间，浅色的沙发软装与白色体量，让空间功能显得轻盈，取代沉重的收纳柜印象，并以黑色边框强化立体感，绿意的装点引入了北欧人热爱自然的特质。

贴士：以窗面引导日光，搭配白色窗帘与环境相融，不着痕迹地适度遮光，让阳光与白色形成呼应，共筑开阔的空间感。

图片提供© 北鸥室内设计

226+227 清透亮色打底，创造小清新的家

清新舒爽的居住感，让人能摆脱沉重的生活压力，设计师以北欧风为设计的基调，白色基底看似老套，却能透过光线，与柠檬黄柜体完美诠释出自在与纯净，玻璃砖方寸堆叠，减轻了墙面的重量，格局轻盈了，怎么住都舒心。

贴士：明镜将梁体做三面包覆，化解自上而下的有形压迫，清透反光的镜面效果，则为居住者勾勒出明亮的居家面貌。

图片提供 © 方构制作空间设计

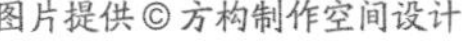

图片提供 © 方构制作空间设计

图片提供 © 大雄设计

228 宁静灰墙漆出知性优雅现代住宅

在现代风格住宅中，设计师选择以知性优雅的浅灰色调作为基调，搭配深色木皮的墙柜与浅色木皮的地板作为衬托，让自然木色的温润特质与灰色的宁静气息结合，一同酝酿出利落舒适的生活空间。

贴士：餐桌上方大梁上与电视墙旁边的柜门上，均有茶镜材质的带状线条设计，不仅增加造型感，也让空间中的视觉得到延伸。

图片提供©原晨室内设计

229 注入宁静水蓝色，流露清新质感

在客厅梁柱与墙面大量加入宁静水蓝色，色彩一路蔓延至餐厅，让开放的客厅、餐厅形成一体，梁柱与地面踢脚板运用白色线板框边，注入美式乡村风格的典雅线条。电视墙巧妙运用米白文化石铺陈，与木色地板相呼应，有效稳定空间。

贴士：在家具选配上，吊扇特意选用白色，与天花板融为一体，沙发则采用浅灰色，淡雅的中性色让空间更为典雅。

230

图片提供©原晨室内设计

图片提供© 晟角制作设计有限公司

230 灰蓝衬白色线板，打造优雅线条

由于房高本身偏低，再加上梁柱、墙面有歪斜情况，需要重整天花板，改以圆弧的白色线板修饰梁柱，搭配灰蓝色墙面，形成宛若描边般的框线效果，让空间更为立体。而降低饱和度的灰蓝，能呈现宁静安和的氛围。

贴士：为了让视觉更为简洁，玄关柜、电视柜与橱柜皆采用白色柜面，整体以蓝白相间的搭配衬托简约质感。

231 用蔚蓝晴空墙演绎日日晴天的静好生活

在这个公共空间中，设计师在大面积的墙面上大量使用粉蓝，企图打造晴空，与米白半身线板相搭配，好比蓝天白云，室外自然光线在半透白的窗纱掩映下，整个空间都洋溢着清爽舒适的法式浪漫。

贴士：投射灯的暖黄照明与温润木地板相互呼应，这里的蓝白配色不但不显冷，反而多了暖洋洋的慵懒舒适。

图片提供© 构设计

232 光影摇曳，用绿色书写一屋子小清新

屋子本身拥有十分辽阔的户外美景，采光条件得天独厚，加上年轻房主偏爱清新的室内环境，于是设计师用带有粉的苹果绿作为客厅墙面主色，搭配新古典气质的白色造型线板，在阳光投射下，自然展现活泼奔放的舒适氛围。

贴士：淡淡原木色地板展现温暖调性，能与立面冷色系的轻浅绿色彩完美互补。

图片提供© 晟角制作设计有限公司

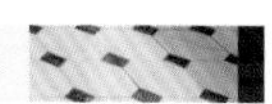

233 从核心色展延幸福专属空间

仅 40 平方米的小面积套房，既要五脏俱全，又要有能自由呼吸的宽敞格局，取用女房主偏爱的粉紫色为重点，开放空间中粉紫柜墙成了核心，搭配白色小吧台，电视柜是木纹贴皮，加上木质地板的温润，幸福感油然而生。

贴士：电视后方收纳柜体层板底端用较深的色彩，对比浅紫柜门层次明显，形成了简单的居住动线。

图片提供© 晟角制作设计有限公司

234 慵懒惬意的英式蓝调让空间更有型

近 30 年的老房重新翻修，怀旧与创新并存，选以房主喜爱的蓝色调，搭配以英式古典为主轴，黑白简约抛光石英砖与蓝色柜体巧妙融合，保留了窗边坐榻的松木色彩，光线随之而入，构成了优雅古典的家居风景。

贴士：以蓝色为主调的立面柜体，在自然光线的烘托下，让室内更显窗明几净，舒适的感觉油然而生。

图片提供© 原晨室内设计

235 高彩度蓝绿色，为家注入北欧风

由于房主偏好北欧风，因此在墙面铺陈清新的蓝绿色为基调，而卧室房门也延续相同色系，统一视觉的同时，也展现宁静自然的韵味。而轨道灯用水蓝色烤漆，搭配深蓝色沙发，深浅蓝色的搭配让空间更有层次。

贴士：由于此为老房，有着房高较低的问题。因此拆除天花板，以木皮包覆大梁，为北欧空间注入温润质感并以轨道灯满足照明功能，形成宛若小木屋般的度假情调。

图片提供© 石坊空间设计研究

图片提供© 石坊空间设计研究

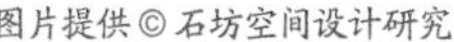

236+237 活跃氛围的红，为过道增添醒目焦点

往返泳池与健身房之间的过道空间，为满足家中专业运动员孩子的青春热血，在主视觉湖蓝色外，选择以色彩饱和度高的法拉利红为墙面涂装，焕发神采的鲜明色块，激荡活络了灰阶空间氛围。

贴士：亚光涂料对应磐多魔地板的细腻光滑质地，在灯光照射下，融合两者不同素材的光泽韵味，创造了视觉丰富性。

图片提供© 晟角制作设计有限公司

图片提供© 晟角制作设计有限公司

238+239 双主色与天然木材零差评的绝赞配置

从一楼拾级而上是书房空间，楼梯扮演着衔接、串联转换空间氛围的重要角色，设计师在天花板沿用楼下的蓝色主调，以造型板修饰侧面，并在墙面增加了具有文青气息的淡绿，蓝、绿在木地板材质与木桌板的烘托下更显书香。

贴士：若包起T字大梁，只会降低楼层高度，形成压迫感，设计师仅以彩色造型板修饰侧面，既解除大梁的压迫感，同时也创造出别致的天花板设计。

240 明亮色与间接照明赋予家居活泼个性

考虑本身楼板不高且房梁很多的客厅区域，设计师连接天花板与墙面，延伸出空间宽广无压迫的视觉感，柠檬黄墙面在间接灯光照耀下更显鲜明，与嫩绿沙发相呼应，创造明亮清爽、满满好心情的愉快空间。

贴士：过于艳丽的色调常让人却步，然而鲜黄、嫩绿与净白的简单搭配，则意外碰撞出小清新的生活气息。

图片提供© 子境空间设计

图片提供© 子境空间设计

图片提供© 子境空间设计

241+242 嫩绿与橡木色巧妙混搭北欧森林之家

在这个特殊格局中设计师以“树”为主轴，将屋内罕见十字大梁化为想象无限的树木造型，在开放式区域引入日光，大量的白色基底不仅不乏味，反而能把嫩绿与橡木色烘托得淋漓尽致。

贴士：碍眼同时具有压迫感的梁柱摇身一变，成为全家朝气蓬勃的精神象征，是涂料色与材料色完美结合的最佳示范。

图片提供©纬杰设计

243 清爽无限，木纹与蓝调的优雅序曲

以优雅的深蓝色铺陈墙面，搭配灰色床单，带来中性的洗练气质，同时为了不让深蓝色调过于冰冷，用浅色木纹修饰，并尽可能让空间体量以悬空、透亮等形式展现，创造轻盈功能表现，平衡整体视野。

贴士：将深蓝色保留在墙面上半段，天花板维持白色，墙腰以下则用浅木色延伸至地面，可让深色空间不至于压迫失衡。

244

图片提供©澄橙设计

图片提供© 北鸥室内设计

244 墨黑搭配蓝月色，渲染沉静卧室氛围

蓝月色涂料涂覆4个立面，延伸到横梁直至天花板，并于上方留白，在营造空间氛围之余，达到拉高楼高，为空间减压的效果。家具搭配墨黑色床架、灰蓝拉扣单椅与白色木百叶，沉静的美式卧室随即应运而生。

贴士：美式木百叶、蓝月色涂料与墨黑床架、灰蓝色单椅令空间环绕在一股无法言说的静谧舒适氛围中，留白天花板则是为了拉高楼高，让人不感压迫。

245 恬静温和，墙壁与天花板的美好延伸

儿童房以温和的天蓝色作为主调，并使天花板、立面做延续处理，向下设计出一方属于孩子的静谧甜美的梦乡，让孩子可在恬静的蓝色调之中，获得身心的全然放松，墙面则嵌上两座木屋造型展示架，点出富有童趣感的视觉焦点。

贴士：一旁旧衣柜的门板，选用蓝色水性漆料做喷漆处理，与床头显出深浅不同的层次，透过色彩重新定义，赋予柜门全新的设计表情。

图片提供© 羽筑空间设计

246 摇滚红蓝建造自己的小宇宙

喜爱摩托车的房主，收藏的服饰装备都带有象征冲劲的红色元素，因此设计师特别挑选深蓝色作为空间底色，用蓝色沉稳冷静的性格来衬托红色充满爆发力的能量，创造出独一无二的个人风格。

贴士：设定空间主题色调之前应充分考虑房主本身的收藏对象，才能够打造出真正属于居住者的个人色彩。

图片提供 © HATCH Interior Design Co. 合砌设计有限公司

247+248 水蓝、木纹交织北欧风景

宽阔舒适的开放式空间，与入口相连的大面墙壁刷浅灰色，与其呼应的餐厅墙面覆以柔和的水蓝色调，并串联成为书墙的局部点缀，再加上些许白色与木质元素，传达出北欧温暖舒适的氛围。

贴士：在温和的浅色背景框架之下，特意撷取同色但彩度较高的抱枕、灯具，并运用双色搭配手法，提高空间的丰富度。

248

图片提供 © HATCH Interior Design Co. 合砌设计有限公司

249 自在流动的丹宁蓝清新小宅

一个人住的66平方米房子，由于房主平常热爱露营等户外活动，在设计方案讨论初期即希望能带入大自然的色系，例如蓝、绿，考虑居家用色仍需强调舒适，因此选用低彩度丹宁蓝为主轴，与白色交错。设计师勾勒的线条造型，呼应帐篷的意象，也让视觉更为立体。

贴士：丹宁蓝刻意延伸至横梁，反而有减少压迫感的效果，配上回字形的生活动线，采光舒适怡人。

图片提供© HATCH Interior Design Co. 合砌设计有限公司

图片提供 © 纬杰设计

250 灰色镘法，家具软装的绝佳衬底

在亮白色与好采光之间，糅合了低彩度的灰色背景，并加入家居饰品或画作装饰，搭配浅色木柜体、黑色铁件展现功能，形成低彩度、具温馨感的居家场景，结合了现代禅与北欧语汇，完成房主心目中的梦想场景。

贴士：采用特殊水泥铺陈墙面，给予深浅变化的色泽与镘刀痕迹，透过手工镘法，逐步修正色调，构成墙面肌理。

图片提供 © HATCH Interior Design Co. 合砌设计有限公司

251+252 纯净透亮的简约美式宅

黑白灰一般会让人联想到极简，然而设计师通过开放式格局规划，整体以纯白为基础，带入小比例的灰黑铺陈柜体与格子窗，中性灰阶与白大理石纹地铁砖作为厨房基调，以及玄关至餐厨区的人字砖材铺贴，一点一滴塑造出美式氛围。

贴士：针对料理区墙面与客厅的窗帘盒，特别挑选黑与白之间的灰阶色调和，避免视觉氛围过于冰冷，而深灰用于局部点缀，让空间维持纯净白亮的效果。

图片提供 © HATCH Interior Design Co. 合砌设计有限公司

253 多色涂料的泼洒手法增添活泼生活感

主卧空间，设计师选择跳脱乏味的单一色调，保留80%白墙和15%的木色地板床头，将剩下的5%纳入其他空间运用的色彩元素，营造出宛如涂鸦画作的主题墙，简约中迸发清新舒适的色彩焦点。

贴士：将整体家居空间出现的蓝、黄、灰三色，以涂料随性泼洒在墙面上，墙面变得饶富趣味，同时延续整体空间色彩的一致性。

图片提供 © HATCH Interior Design Co. 合砌设计有限公司

图片提供 © FUGE 馥阁设计

图片提供 © FUGE 馥阁设计

254 隐藏柜体与涂鸦的蓝绿墙色

采取开放隔间规划的游戏室，以公共区蓝绿色调作为空间的延伸与串联，右侧墙面刷饰相近色阶的乳胶漆，左侧内嵌柜体以蓝绿色烤漆呈现，正面底端为黑板漆，通过不同色阶的蓝绿墙色，产生多样的功能。

贴士：游戏室木地板色系与公共区一致，且毫无高度落差，让孩子玩耍时更安全，也作为空间视觉的延伸放大。

255 白底缤纷圆点打造清爽舒压感

面对喜爱艺术与缤纷色彩的房主，考虑空间用色的丰富性，特别将冥想区规划于阳台边，同时以大量白色烤漆作为主框架，视觉获得舒缓与释放，并利用经典的圆点图案，带来活泼多彩的艺术想象。

贴士：为呼应白色基底空间，地板同样选用米白色调，角落悬挂透明球状吊灯，展现轻透利落的质感。

图片提供© 森境及王俊宏室内装修设计工程

256 低调浅灰主墙让家更有温度感

不希望家中墙面一片清白，但又担心选错颜色让家不耐看吗？不想太冒险的话，那就选择浅灰色墙面吧！借由一点点变化就可让空间更有温度感，灰色墙面除了增加空间色感外，更能衬托家具的质感，同时可让白色天花板有拉高效果。

贴士：想在家中尝试新色彩，门板是不错选择，例如将厨房电器墙旁的门板漆上黑色，无须大改造就可让空间更有变化与立体感。

257

图片提供© 甘纳空间设计

图片提供 © 新澄设计

257 灰色柜体延伸消弭天花板的压迫感

毗邻水岸的 103 平方米住宅，房主期盼着回家后能享受开阔自由的空间感，于是整体空间以米白色系打底，进门后的灰色系定制书墙，特意将颜色向上延伸，借此消弭吊隐式空调出风的天花板造型，让视觉产生连接，创造上下一体的效果。

贴士：避免过多颜色造成空间的压缩，咖啡色皮革沙发搭配浅色木纹收纳架，木地板也是浅灰色调，给予自然温润的气息。

258 色调、材质的对比，营造视觉张力

挑高 3.8 米的客厅空间，以意大利品牌灰黑涂料涂布主墙，粗犷立体的壁纸质感，与地面光滑明亮的大理石砖成明显的对比。舍弃花哨手法，利用涂料与砖两种无色系建材的质感冲突做出最好的装饰，成功塑造空间整体的视觉效果。

贴士：仿若壁纸质感的意大利品牌灰黑涂料作为主墙装饰，与光滑大理石砖对比，透过材质对比营造开放空间中的视觉张力。

图片提供 © 新澄设计

259 柔和奶茶色作为主调，营造温暖美式家居

温馨舒适的美式风格宅邸，选择柔和感十足的奶茶色涂布大范围的线板墙面，地面则铺贴半抛面米色地砖，搭配驼、灰色系沙发座椅，为下午茶空间、客厅空间烘托出自在怡人的待客氛围。

贴士：奶茶色线板墙面点出美式风格主题，半抛面米色地砖呼应立面，透露温润低调的表情。

图片提供© 奇逸空间设计

260 少女心暴发，粉紫色与白色装点浪漫女孩房

房间运用木色天花板铺贴局部区隔出床区、书房。粉紫色与白色平均涂布墙面，搭配木纹营造休憩气息。透过红色单人沙发与挂画，强烈的风格和色彩使其成为小天地的视觉重心所在。粉紫墙面预留一方喷白漆板，除了有时钟功能外，也是为学美术的小主人保留的创作画板。

贴士：大女孩喜欢的粉紫色与白色装点立面，挂画、红色沙发凝聚视线焦点，搭配天花板、地面的木质纹理，营造卧室舒适氛围。

261

图片提供© 曾建豪建筑师事务所

图片提供©澄橙设计

261 蒙布朗栗色恰似秋意上心头，轻柔好暖和

卧室完全回归舒服安定的私人领域定位，床头背景墙选用蒙布朗栗色涂装上色，偏灰的暖色调带来一种秋日般的清心之美，轻柔而淡雅。简练的软装搭配，让采光充分照射室内，通过百叶窗门，形成错落的光影景致。

贴士：巧妙地运用卧室中间梁的结构，蒙布朗栗色床头背景墙与白色底墙形成一道分色墙，创造一处隐形的室内阳台生活风景。

262 栖息地的绿色简洁墙面，沉静的色调打造舒适空间

将色彩彩度降级，利用大片的绿也能打造出舒适的卧室空间！栖息地的绿色涂料简单搭上各种白色软装、小碎花床单、波普风抱枕，让人一走进空间便能沉淀纷杂的思绪，彻底放松休息。

贴士：主卧背景墙选用温和的绿色，低彩度搭配白色百叶窗、立灯与床头柜，令空间萦绕一股清新、沉静气息。

图片提供©原晨室内设计

263 注入大地色，塑造舒适卧室

房主偏爱温暖舒适的乡村风，因此在特别需要宁静氛围的主卧中，大面积铺陈淡雅的棕色，中性无彩度的色系不干扰空间，反而能带来沉稳感受。同时搭配白色的直纹线板，展露乡村风的质朴韵味。

贴士：不论是床铺、床头柜，甚至是窗边卧榻，皆以木材打造，与墙面的大地色相辅相成，共同营造温润氛围。

图片提供 © 六相设计

264 染灰手法保留空间纯粹原始的本色

为了维持空间自身纯粹本真的美学性格，设计师保留天花板原始结构面质感，并且采用具渗透性的染色材料修饰斑驳脏污之处，让空间展现纯净无瑕的表情，更彰显整体的朴素形象之美。

贴士：电视墙面则以木质打底，再搭配清水混凝土质感的乐土灰泥材质，呼应整体空间的纯粹调性。

图片提供 © 禾光室内装修设计

265 岩石粗犷纹理刷出自然氛围

以北欧森林概念为空间设计主轴，沙发背景墙利用意大利品牌创意涂料刷饰，用天然石灰粉及矿物构成的水性涂料，通过涂抹技法的清水几何纹理，带来粗犷的自然质地，前景沙发则配上不同灰阶的色彩，延续氛围与创造视觉层次。

贴士：家具部分搭配原木色系的茶几及绒面质感的绿色抱枕、植物等些微的绿色系点缀，响应了大自然森林的空间主题。

图片提供 © 纬杰设计

266 深灰与木色，温润沉稳的优雅格调

客厅配置深灰色沙发背景墙搭配同色家具，显出沉稳大方的印象，但为不让空间显得过于沉重，加入浅色木皮装点，并特别定制 L 形沙发，以利落的家具流线让空间看来更舒适开阔，沙发下衔接的木色更刻意做出深浅色差异，带来质朴味道。

贴士：为让墙面具有变化，于一旁留出木色凹槽，在高处镶嵌灯具，透过轻柔的光线烘托深色空间，诠释艺术馆般的静谧气息。

图片提供© 璞沃空间 /PURO SPACE

267 原木色与灰色冷暖撞击，打造舞台视觉张力

首先把客厅置中，用人字拼木色地面与灯光描绘主要活动区的轮廓，两侧宽度 90 厘米的走道则以灰色铺陈天花板、地面、墙壁，运用优的钢石作为地面，取其精致质感与灰色调性，用冷色调衬托主视觉的暗处设计，让明暗在色调的衬托下营造极具视觉张力的私人舞台。

贴士：利用灰色与人字拼的木色两者冷、暖色调的反差特性，为功能空间与过道做出明确区分。

图片提供© 纬杰设计

268 静谧舒压的隽永质感

兼具接待与休憩意义的客厅空间，选用自然质朴的材料与用色，构筑出休闲自适的生活视野，灰色沙发背景墙与深灰色门板形成呼应，带来冷色的深浅层次，但为避免过于冷调，仍使用大量木纹色引入温暖气息，打造出放松氛围。

贴士：天花板的梁柱于垂直面加入黑色勾勒，水平面则维持白色，通过对比色弱化梁柱的压迫感，并让空间挑高更显立体。

图片提供© 日作空间设计

图片提供© 寓子空间设计

图片提供© 甘纳空间设计

269 鹅黄与木色加强明亮度

为呼应小女孩活泼的性格，卧室床头墙面涂刷了彩度高的鹅黄色，搭配空间里深柚木与浅松木材质色调的层次变化，营造明亮又活泼的气息。

贴士：深浅木材质和鹅黄背景墙，因大面开窗洒落的阳光，更显空间明亮光感与温度。

270 森林绿、鹅黄增添空间活泼律动

多彩的涂料运用，让家变身如森林般的悠然居所。通往房间的廊道有着丰富的色彩语汇，廊道尽头的森林绿端景墙及书房一侧的鹅黄墙面与黑板漆，使空间多了活泼与趣味性。

贴士：撷取自然森林的绿色与鹅黄色局部铺陈墙面，于光影变化下，营造舒适的氛围。

271 淡雅潮流的配色衬托收藏的公仔

从事服装设计的房主，喜爱收藏公仔，设计师以粉红搭配绿的流行组合置入家中，收藏公仔的屋中屋铁件框漆以淡粉红色，自玄关到餐厅则为绿色，让空间视觉有了多元且调和的样貌。

贴士：以轻盈且降低彩度的色彩搭配，凸显公仔的独特性，同时让房子耐看。

272 造一个森林系的餐食空间

取材自森林，设计师选用了浅棕绿色作为餐厅背景墙的主色，配合浅木质餐桌、餐椅、留白天花板、地面、墙壁，打造一个健康的餐食空间。

贴士：引入窗外自然光，让源于大自然的色彩元素，因阳光有了更细腻的空间表情。

272

图片提供 © 乐创空间设计

图片提供 © 乐创空间设计

273 为餐厅填满活力的一抹草绿

地板、桌板与天花板 3 种色阶与层次的木质感设计，酝酿出北欧森林气息，吧台边竖立一面草绿墙面不仅突出视觉焦点，更为空间注入满满活力生机。

贴士：草绿漆墙与木质桌椅的组合，营造野餐般的氛围，搭配白色造型吊灯增添光亮与清新感。

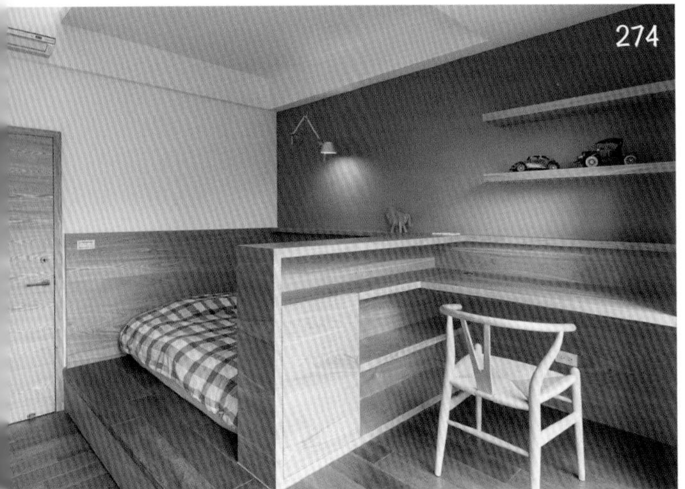

图片提供© 日作空间设计

图片提供© 森境及王俊宏室内装修设计工程

图片提供© 森境及王俊宏室内装修设计工程

274 灰蓝墙描绘空间的温暖简约

以木材为主调的独栋住宅，每间卧室都依照使用者的性格搭配不同墙色，男孩房的灰蓝色墙与木色交织运用，营造温暖利落的空间气息。

贴士：灰蓝墙上的阅读壁灯，运用微黄光源为表述沉静睡眠氛围的卧室增添了几许温度。

275+276 温馨底蕴的灰阶协奏曲

在采光充足的客厅里，带灰阶的驼色取代白色作为基底色调，除增加空间的底蕴与厚度，其中温馨的驼灰色面，与明快理性的清水灰色布面沙发，形成和谐又有层次的协奏曲。

贴士：恬静的驼色空间，配置带有北欧风的清爽薄荷绿地毯与椅子，装点出活泼的气韵。

277 缤纷家具使彩墙洋溢活泼气息

以白色、秋香色塑造温润的立面色调，成为展现多彩家具的最佳映衬背景，柠檬黄、蓝灰色沙发与多彩抱枕，让温雅的空间装点上清新缤纷的感觉。

贴士：对应漆墙的平滑质地，布质沙发家饰，在色彩或触感上，都为沉静的家居带来活泼的调性及舒适的生活感。

278 绿柜森林悠然静享阅读

阳光丰沛的 264 平方米跃层空间，书房区以挑高斜顶天花板，增添了休闲况味，木框架书柜搭上草绿色背景墙，与室外自然绿意相呼应。

贴士：草绿书柜背景墙辅以木材构成开放式柜体，搭配同色系单椅，于光线作用下，犹如置身森林般的疗愈与放松。

277

图片提供 © 北鸥室内设计

279 蓝灰书墙呈现沉静阅读氛围

在明亮的书房空间里，以简约的颜色打造内敛质感，书桌前稳重的蓝灰色墙有助于提升专注力，白色书架则有吸睛的效果，搭配墙面下方约 1/3 处的木皮踢脚板，为空间增温并具有拉高效果。

贴士：纤薄的烤白铁制书架与蓝灰墙色，为书房架构出具有现代感的色调与极简美感。

图片提供 © 日作空间设计

图片提供 © 新澄设计

图片提供©甘纳空间设计

图片提供©一水一木设计有限公司

图片提供©北鸥室内设计

280 黑板漆柜体集中视觉焦点与功能

房主向往北欧生活，因此设计师以简单利落的北欧风手法规划空间，玄关入口的一整面柜墙整合书柜与鞋柜功能，涂布黑板漆的柜面为空间增添现代简约感，也满足从事日语教学的房主最实用的教学需求。

贴士：木质基底的北欧风空间，以黑板漆的重色扣住空间整体的视觉焦点，引导出生活空间的重心地带。

281 靛蓝沙发墙塑造静谧氛围

在开放式格局规划中，一片靛蓝色沙发背景墙，塑造轻松静谧的生活气场，搭配精选的家具与跳色抱枕，于浅白背景中，演绎独特风格。

贴士：刻意保留梁柱的白，搭配大片的蓝墙，营造视觉的深邃感。

282 灰绿墙面提升阅读情绪

客厅后方的开放式书房空间，以灰绿墙面与客厅的纯白区隔，稍微淡化为严肃的工作空间，并提升阅读情绪。

贴士：温润的灰绿墙面衬着木色柜体与书桌，再以白椅与绿色盆栽点缀出轻松的盎然之气。

283

图片提供 © 北鸥室内设计

图片提供 © 北鸥室内设计

283+284 以材质堆叠灰色多样表情

有别于一般北欧风的纯白墙面，设计师在餐厅空间使用不同彩度的灰来呈现质感，以大面灰墙当底，搭配带纹理的木质柜与中岛立面色，让空间多了丰富表情。

贴士：以材质展现不同的灰，并运用灯光搭配浅木色餐桌与壁柜，调和出随性的生活感。

图片提供©怀生国际设计

图片提供©森境及王俊宏室内装修设计工程

285 薄荷绿搭浅木色，注入舒心暖流

设计师为营造咖啡甜品店的自在与舒适，以黑白对比、清爽薄荷绿和原木色作为空间搭配和色彩规划，让整体空间充满现代简约的气息，塑造出别致且无压力的氛围。

贴士：无论黑色柜台或薄荷绿墙面，都与木边搭配，让涂料色彩因为木材色调的润饰，更具温度感。

286 衬托家具、画作的雅致灰蓝底墙

以家具色调出发，为营造沉静大气的客厅氛围，刻意选用与家具同色调的灰蓝色主墙，坐于沙发上，更有种被完全包覆的舒适性，同时也借此烘托出壁画与吊灯的别致。

贴士：为了使灰蓝色调的立面有拉伸的效果，设计师在天花板与梁线刻意饰以白漆，让空间更有立体感，也拉高了墙面。

287 青苹绿营造明亮生活厨房

乡村风的生活厨房，不只有木头与花砖的组合，搭配青苹绿墙面与白色美式线板定制柜体，在明亮日光的催化下，打造出清爽简约的用餐领域。

贴士：木头与花砖构成的厨房，搭配上舒心的青苹绿漆墙，映着光影洒落，让空间里的色调与材质纹理更显清新明亮。

287

图片提供 © 澄橙设计

图片提供 © 明代室内装修设计有限公司

288+289 淡绿色宛如自然绿意注入空间

为了让书房区与窗外美景相融，在墙面刷上的淡绿色，宛如自然绿意注入其中，借此平衡整体空间色调，也让室内透进一抹清新草香。

贴士：临着大窗而采光良好，为淡绿色展示墙面与木质地板带来光亮质地的细致感。

图片提供 © 明代室内装修设计有限公司

图片提供© 大湖森林设计

图片提供© 大湖森林设计

290+291 从房主身上撷取有趣的配色灵感

空间的选色，除了大量吸取国内外经验之外，还取决于业主的偏好、想法，本案例衬托房间主人的女儿待嫁的喜气，借典雅深邃的桃红色彩描绘出幸福而别致、细腻的贵族气质，展露属于新古典华丽的风格美感。

贴士：大红色虽然华丽却容易形成视觉疲劳，细腻的跳色点缀则能轻松让问题解决。

292

图片提供© 摩登雅舍室内设计

图片提供© 日作室内设计

292 浪漫薰衣草紫铺叙柔美卧室

轻古典的浪漫风华，从四柱床的使用即看出端倪，深棕搭配薰衣草紫，塑造大气氛围，与深色家具相应和，在沉稳中注入一丝柔美气息。

贴士：深棕色的四柱床框，搭配静雅的紫色墙面，接续的色调属性，构成空间内敛的气韵。

293 仿木纹清水混凝土的温馨日式风

因房主喜爱日式风格，设计师以简约温暖的日式风格定调，以仿木纹清水混凝土涂料涂布客厅挑高立面，搭以木构框，描绘质朴日式居宅风格。

贴士：木纹肌理的表现，呼应温暖的日式基调，纱质单层窗帘，更为空间增添明亮感。

图片提供 © FUGE 馥阁设计

294 马卡龙色的缤纷童趣风

以马卡龙色调营造带有童趣的儿童房空间，设计师选用来自美国的木器漆刷柜体，为素雅的白色调空间带来色彩饱和且带有珠光质地的温润质感。

贴士：木器漆赋予饱和且有光泽的柜体立面，在光源映照下，更加凸显保留下来的原有木纹质地。

295 如茵绿地带回家，自然的轻盈空间

微调二手房的原有格局，将公共区域规划为适合相聚的开放空间，兼具独处与欢聚功能的空间，配上轻巧苹果绿及黑色铁件线条，采用交错运用的材质与色块，堆叠出仿若无重力的 3D 立体空间。

贴士：在开放餐厨区设置大面积玻璃门板引入光源，彰显苹果绿的鲜明，搭配墙面和地面大量的木质元素，营造出北欧风的润泽温馨。

图片提供 © 怀生国际设计

296+297 色彩混搭，展现多元生活本质

在宽敞明亮的空间中，选用暖色系为主轴，带来乡村风的温馨情韵。楼梯边墙运用彩色硅藻造型墙面，清新自然的绿色搭配温暖黄色，与蓝色仿旧斗柜巧妙呼应，简单的跳色营造不简单的活泼风格。

贴士：除了一般涂料外，硅藻土能利用工法、颜色展现艺术之美，青苹绿漆墙也有利于洁净空气，映着光影洒落，让空间里的色调与材质纹理更显清新明亮。

296

图片提供©采荷室内设计

298 油画笔触，创造艺术卧室格调

卧室墙面运用跳色纹路展现油画般的笔触底蕴，错落的湛蓝色斜纹及直线条纹白墙让这片空间视觉毫不乏味枯燥，唯独在床头背景墙上方设计师给了房主喘息空间，恰到好处的疏密安排是再高明不过的前卫现代设计风格。

贴士：室内并无主灯照明，而是在天花板边缘处做嵌灯设计，床头垂坠设计的吊灯，尽展典雅气息。

图片提供©采荷室内设计

图片提供©怀生国际设计

299

图片提供©采荷室内设计

299 鲜果绿创造甜而不腻的精致家

以鲜亮的黄绿色彩，点亮室内明朗的视觉焦点，在白色基底空间中营造出独特的空间端景。天花板借由木梁设计，减少原有梁柱的压力，更具小镇风格的质朴魅力。

贴士：同一立面中的跳色搭配最能中和过于繁复的设计，只要选对色彩，所有配件都能加分。

图片提供©怀生国际设计

图片提供©大湖森林设计

图片提供©大湖森林设计

300 色块图层拼贴让墙面活泼起来

有别于一般咖啡店沉重偏暗的气氛设定，设计师用四大色块作为基底图层，将木头、薄荷绿与海军蓝搭配拼接，纯粹而醒目，墙上更以招牌猫咪图案作为彩绘装饰，让整体空间活泼跳跃起来！

贴士：当材质与色彩拼接，白色色带让空间不仅更具个性，也有了最好的收边。

301+302 门板跳色展现内外睡眠环境

设计师往往将厕所门板与墙壁融合，然而在本案例中设计师通过巧手大改造，把再寻常不过的门板以蓝色系抽象水彩画修饰，立体画框更彰显风格，灿黄在光线照耀下也显得明亮舒爽。

贴士：柔和半透黄干湿分离门能带来明亮，与蓝色搭配形成具有艺术感的端景。

图片提供© 寓子空间设计

303 特殊手法创造低调层次

仅 20 平方米左右的挑高套房，在不另做夹层的情况下，必须充分运用有限的单层平面空间，卧室以灰、黑、白的无色彩处理，展现房主冷静理性的个性。

贴士：高达 3.6 米的床头墙面，以乳胶漆搭配特殊工具，制造不规则纹理，隐约的纹理为以单色为主的空间增添变化。

304

图片提供© 子境空间设计

图片提供© 森境及王俊宏室内装修设计工程

图片提供© 甘纳空间设计

304 高彩度色墙，带来活泼气息

高彩度的木瓜黄漆色，为房间带来不同于光线的明亮感受，整体氛围以墙面的选色为重点，再根据其他对象搭配颜色，让人犹如置身于南洋风格的空间中，感受到其传达出的沉稳温暖的休闲态度。

贴士：木瓜黄的选色，将墙面转化为充满活力的意象，再选用暗红色线条作为搭配，构成极具特色的个人风格。

305 如静物画般美好的深邃蓝主墙

大胆地以暖色木皮作为全屋主色调，穿插时尚深邃蓝的配色，让原本狭长格局的老房变成自然且具有延续视觉效果的生活空间。主卧室内侧以深邃蓝墙为背景，搭配木吊柜与挂画，展现如静物画一般的艺术美感。

贴士：走道区的天花板以白色遮板来修饰梁位，同时为木质色调空间带来洁净明亮的视觉效果。

306 鲜明对比色烘托空间的沉稳洗练

喜爱工业风却又不想空间过于沉重压迫，设计师使用对比色的手法，白色吧台、黑框落地窗面与电视墙，加上柜墙走蓝调风，衍生出灰绿、灰蓝作为沙发色，空间富有层次且彼此协调。

贴士：蓝色柜体配置了猫咪行走的猫道，对比鲜明的白色层板衬托出柜体洗练的蓝调质感。

图片提供© 日作空间设计

图片提供© 澄橙设计

307 橄榄绿带来疗愈与减压效果

延续公共区域的灰白框架，在进入主卧室后便是灰色窗帘，让空间之间有了串联性，墙面则因房主喜爱的植物，选用低彩度橄榄绿刷饰，散发沉静舒适的氛围。

贴士：在灰白框架的空间中，橄榄绿的背景墙，犹如将具有疗愈的植物搬进来，使空间更添疗愈感。

308 墙与柜的浪漫对话

设计师将电视主墙赋予房主喜欢的清水混凝土质感，辅以实木柜与层板增加温润色感；另外则运用浅紫色的墙柜来与之对话。

贴士：除了清水混凝土主墙外，利落的浅紫色墙柜以及浪漫的色调让整体空间柔和而温暖许多。

309

图片提供© 乐创空间设计

309 缤纷色彩打造清新明亮空间

本案例的空间格局与采光条件良好，公共区域采用开放式规划，电视主墙选用嫩绿色作为主视觉，搭配房主收纳的缤纷北欧经典家具，展现清新活泼的氛围。

贴士：嫩绿色主墙与木质色空间相呼应，在家能有种贴近自然的舒心享受。

310 原色硅藻土晕染质朴空间气息

有别于一般水泥墙，设计师使用原色硅藻土，表现强烈的简约风格，而墙上的黑色管线，更与室内的黑色家具形成相互呼应的空间调性。

贴士：在质朴原色的空间色调中，加入少许木色，蓝色柜体也增加了空间的温度。

图片提供© 甘纳空间设计

图片提供© 森境及王俊宏室内装修设计工程

311 浅栗墙色照亮木质空间

深灰的配色整合家具、装饰、木百叶等，让用餐空间呈现低调稳重的美感，浅栗色调的墙面铺排，让深沉空间与温暖墙面形成安静的对比。

贴士：木百叶过滤自然采光，映照在浅栗色墙上，为沉静木质空间带来光亮。

图片提供© 寓子空间设计

图片提供© 一水一木设计有限公司

312 自然清新的休闲疗愈居所

因房主向往一回家就能享受放松疗愈的空间效果，以咖啡灰作为电视背景墙的主视觉，配置浅木纹柜体，让人感受温润自然的气息，犹如走进森林一般。

贴士：以咖啡灰抽屉面板作为浅木纹柜体的跳色，色系的延伸在光线折射下舒适怡人。

313 水泥灰保留墙面手感质地

在以白色为基调的空间里，除搭配木纹地板带来的暖意之外，沙发背景墙直接蘸刷水泥，以手工镘土方式，带来随性上色所呈现的轻松氛围。

贴士：以手工涂刷方式制作而成的背景墙，在光线照射下，让这些不同深浅纹理的晕染效果及质地更加鲜明。

图片提供© 寓子空间设计

314 柑橘色营造温暖柔和的法式乡村风

这个空间主要走乡村风格，公共区域以柔和的灰色勾勒底墙，沙发背景墙则走柑橘色彩，对应电视红砖壁纸，强化空间温暖指数。

贴士：窗外洒落的自然光，映射在光滑的瓷砖与柑橘色的背景墙上，为其温暖度添加明亮光感。

图片提供©晟角制作设计有限公司

图片提供©原晨室内设计

315 降低色彩明度，营造静谧睡眠空间

延续房主喜欢的蓝色调，并考虑卧室宁静氛围的需求，在蓝色中另以斜木纹柜门作为部分跳色，带给柜面立体感。床头背景墙取用藕粉色，淡淡的不饱和感与蓝色做恰到好处的搭配，呈现卧室中静谧优雅的气质。

贴士：比起公共空间的丰富跳跃，在私密空间里要将视觉负担减到最低，宜选择低明度或低饱和度的配色。

316 统一灰色调，延伸墙面视觉

因房主有着大量收纳的需求，沿梁下设置柜体，从玄关延伸至客厅，以灰藕色铺陈柜面，上浅下深的双色设计，增添丰富层次。大门也采用相同的灰藕色，让视觉得以向左右延展，无形中拉长空间长度。

贴士：大门门框黑色铁件的质感与柜体、轨道灯的铁件相呼应，拉出利落的视觉线条。

图片提供© 构设计

图片提供© 原晨室内设计

317 情不自禁慢下脚步的舒适空间

这个空间取名为"晷迹"，当初以"把心慢下来"作为设计初衷，在客厅电视主墙用沉稳实在的水泥灰打底，包覆了客厅收纳柜与卧室门板，夕阳西下时窗外阳光带来满屋的和煦明亮，让人只想慢下来，好好享受美好的每一刻。

贴士：原本冷硬的水泥灰在木色地板与自然光的衬托下，反而能给人不愠不火、舒适和煦的感受。

318 低饱和灰绿，清新不失优雅

为新婚夫妻调整老房格局，特地增设二进式玄关，拉出格窗墙面与客厅做出区分。玄关铺陈淡雅的灰绿色，一路延伸至客厅与餐厅，让视觉更为和谐，低饱和的色系呈现宁静优雅的氛围。

贴士：在充满美式乡村风格的基调下，利用浅色木质家具映衬，与淡雅的草绿色空间相辅相成，统一视觉感受。

图片提供 © HATCH Interior Design Co. 合砌设计有限公司

319 稳重藏青打造静谧睡眠品质

主卧室选择夫妻俩共同喜爱的宝蓝色调，用低彩度藏青蓝铺陈主墙，右侧衣柜配上深色木纹门板，主要光源为床头一旁悬挂的吊灯，创造出沉稳放松的高睡眠质量空间。

贴士：利用白色、浅蓝的床品，调和深色调空间，共同创造温暖寂静的场景。

320

图片提供 © 禾观空间设计

图片提供©诺禾空间设计

320 成熟简约灰，令人安心的睡眠情境

以灰、黑、白作为卧室主轴，打造沉稳成熟的气氛，于床头大面积铺叙深灰色水泥粉光，软装亦选用轻盈灰阶呼应，缔造安定的睡眠感受，并全部使用温润的木质柜，在天花板局部加入木色肌理，以木质提升暖意，创造冷暖的美好平衡。

贴士：墙上的画作并不一定非得选择亮眼的鲜明色彩，刻意选用与墙色相仿的简约画作，并巧妙偏向一侧摆放，让人印象深刻。

321 灰阶艺术漆，冷色调刻画现代感

卧室床头墙以灰色手工特殊漆涂抹上色，低彩度主调营造平稳沉静的睡眠氛围。灰阶色彩从墙壁、床包、沙发床到地毯由高而低，巧妙铺陈出层次感，一侧白墙则由双幅黑白主题挂画赋予墙面表情，避免空白太单调。

贴士：利用黑白两色的中性色彩作为基础，调和出床头背景墙的灰阶艺术漆，所有软装家具保持冷色调，透露简洁利落的现代感。

图片提供©地所设计

322 暖灰色墙减少反光，增加光影之美

色彩具有微调光源与空间大小的效果，在这个格局不大的卧室中，开窗比例相对较大，为了让白天光线不至过于强烈，除了直接采用百叶窗调节，同时在临窗面选择暖灰漆刷墙面，搭配床头暗纹壁纸来减少光线折射。

贴士：与床头板齐高的墙面选择以白色烤漆设计，对应上方的壁纸则有让床头有稍稍放大的反差效果。

图片提供© W&Li Design 十颖设计有限公司

323 漆墙主导空间，铁件木柜添况味

男孩卧室墙面延续普鲁士蓝木质喷漆墙为主调，加入房主儿子喜爱的粗犷老砖，铁件与木柜的安排，给带有现代感的平滑漆墙空间注入了原始材质的自然质韵。

贴士：老砖以同色系漆料处理，借由轨道灯的投射，仍可清楚看出老砖原始材质的粗犷感。

324 深浅的蓝色系，装点立面丰富层次

为了带给空间视觉连动的效应，更衣室与厕所的丹宁蓝墙面以及大门、卧室的天空蓝门板，与水蓝色的软装、画作，透过色彩互动来串联，使空间在鲜明色块的运用上也具有整体性。

贴士：以4 ：6的蓝、灰比例为空间定调，丹宁蓝、天空蓝带来属于天际的彩度，在大基底中烘衬出视觉亮点，增添明亮的感受。

图片提供© HATCH Interior Design Co. 合砌设计有限公司

325

图片提供© 石坊空间设计研究

325 蓝调搭配木色，勾勒沉稳的睡眠空间

本案例的空间格局与采光条件良好，延续公共空间的湖蓝色块运用，卧室也以蓝色调穿插其中，在灰色空间中顺应光源变化，让空间色彩多了几分变化，搭配木柜与木地板，又增添一抹木质温度。

贴士：透过涂料或软装提高湖蓝色比例，搭配木地板、木柜，营造暖意与提升明亮度。

326 黑色砂漆大胆铺陈出刚性空间

在超大幅宽的电视背景墙上选择以黑色砂漆作为主色系，搭配浅灰色清水混凝土墙砖搭建出一大一小的造型框，展现立体、对比的效果；电视背景墙下方的电视柜以木质水蓝色烤漆设计形成跳色，为浓郁色调的空间增加亮点与色彩的层次感。

贴士：黑色砂漆与清水混凝土墙砖不只让空间色彩有对比变化，表面质感也会提升空间的细腻度。

图片提供© 一水一木设计有限公司

图片提供©禾观空间设计

图片提供©实适空间设计

327 明媚土耳其蓝，交织动人的北欧风韵

在多功能书房内，于墙面加入明媚的土耳其蓝，使空间更具主题性与设计感，透过色彩的力量抚平躁动的心绪，并以深色木地板注入稳重感，选搭浅木色家具提升暖意，而百叶窗导引美好的光线，营造朝气满满的情境。

贴士：木质软装不如地面色调深沉，带来了多样化的木色表现，并选用轻巧造型的家具，让空间的轻盈感加倍。

328 大面积黑墙，彰显空间个性与质感

家居空间少见的黑墙，大胆地以主墙姿态呈现于卧室内，直接反映了男主人对生活质感的追求，以黑墙作为底色，给空间中的实木家具、暖黄台灯，增添了更多个性与风格。

贴士：由于黑主墙的强烈存在感，在家具与配件的选择上尽量避免使用白色，暖木色的加入更能增加生活气息。

329 灰蓝色与清水混凝土，铺叙成熟优雅的气质

散发成熟与知性气质的灰蓝色，从墙面铺叙展开，造就空间的低调优雅。以暗灰色基底调色而成的灰蓝色，对应清水混凝土墙的灰阶色相，采光面更加提升灰蓝色的色彩明度，让整体感觉更加沉稳。

贴士：灰蓝色采光墙面，与侧墙水泥质地的清水混凝土墙，搭配不锈钢镀钛层板、黑色铁件等金属线条，糅合成熟的现代感。

329

图片提供© 曾建豪建筑师事务所

图片提供© 石坊空间设计研究

330 湖水蓝穿插空间之中，提亮空间感

在客厅和餐厅的公共空间，湖蓝色块穿插其中，形成视觉焦点。顺应光源变化，湖水蓝也增添空间色彩活泼度，天气明朗时有青绿的朝气，入夜则呈现沉稳蓝灰，维持灰阶的统一调性。

贴士：以醒目的单面湖蓝色墙横贯水泥空间之中，为灰阶的氛围带来贴近自然又沉稳的色彩变化，并提亮空间。

图片提供©诺禾空间设计

331 象征力量的深蓝色，和空间功能更契合

多功能健身房以深蓝色艺术漆涂墙，相对于公共区域黑白两色定调的平稳保守，在冷色调的基础上，稳重而饱含力量。而以铁件玻璃拉门与公共区域产生区隔，不仅随需求开合自如，更能从客厅视角带来深邃的空间感。

贴士：深蓝色象征“力量”，呼应了多功能健身房的空间功能，墙上的黄白相间挂画，注入了充满活力的视觉效果。

332

图片提供©羽筑空间设计

图片提供 © 地所设计

332 如灵魂乐般微醺的深沉蓝调

家是酝酿生活的容器，而风格则是以美感诠释生活的结果。本案例中房主喜爱怀旧复古质感的物品，为了衬托出空间各项摆设本身的历史气息，设计师特别选择深沉浓烈的湛蓝色为墙面主色，如一首迷人的灵魂乐般令人微醺。

贴士：湛蓝色调有着沉稳的色彩性格，相当适合搭配木质及铁件元素，能完美呈现怀旧电影般的意境。

333 清水混凝土涂料天花板让家展露素颜的自然感

为了让家居更接近自然，设计师刻意在天花板上选择以清水混凝土涂料取代传统漆料，水泥原色的天花板让家摆脱过度的装修感，而显现出素颜且略为粗犷的氛围。而在四周墙面仍保持白色漆墙，可让空间有放宽的错觉。

贴士：窗边坐榻区采用灰蓝色水泥漆墙面，搭配贴栓木木皮的木质卧榻及织纹布软垫，清雅的色彩反而成为焦点。

图片提供 © 羽筑空间设计

334 深浅变化让水泥墙表情更丰富

近年来安藤忠雄的日式清水混凝土工法逐渐退热，取而代之的是充满朴实手工质感的水泥本色。如本案例中运用水泥砂浆调漆，让墙面保有泥料原始颗粒的质感，在百叶窗筛入的光影下别有一番味道。

贴士：运用水泥砂浆施工时，应注意比例与涂料厚度的掌握，便能够产生深浅有致的质感。

图片提供©原晨室内设计

335 浅棕线板，凝聚空间焦点

主卧本身拥有两面采光的优势，为了有效调节光线，床头一侧利用可移动的线板，巧妙遮掩日光。运用沉稳的大地色系，搭配方形古典线板修饰，典雅又迷人，大面积的设计成为空间中的瞩目焦点。

贴士：为了营造舒适沉静的氛围，采用大地色绒布床品，与床头背板相呼应，同时搭配深灰色窗帘，低彩度的配色，有效避免扰乱空间的情绪。

336

图片提供©北鸥室内设计

图片提供© 森境及王俊宏室内装修设计工程

图片提供© 森境及王俊宏室内装修设计工程

336 成熟的深色底蕴，日夜多变的优雅寝居

因房间拥有大面积落地窗，可接收到户外景致，于是让房间呈深大地色，搭配着绝好采光，使空间不致受到压缩，而形成优雅风格且明亮依旧，而入夜后，则在深色基底之下，以两盏床头壁灯相衬，带来微醺的美好光晕。

贴士：将床头色延伸至上方梁体，拉伸延展至整个立面，并刻意呼应床头板的色彩，让整个立面显得干净，成为具有质感的背景。

337 炭灰墙色为卧室创造必要的气息

为了让主人进入卧室后能迅速地沉淀思绪，不仅房间内的主墙色彩选择炭灰色，同时木地板也采用烟熏木色来呼应，奠定稳定而安静的空间基调。另一方面，搭配米白皮革床架与浅色花纹的地毯，铺陈出具有都市感的对比美学。

贴士：房间内多数物品均在灰黑与米白的色阶中游走，再以跳色的铜金色吊灯与砖红色抱枕为室内增加暖意，攫获所有目光。

338 孔雀开屏般的绿蓝背景墙铺出时尚贵气

一如孔雀开屏般的绿蓝床头背景，衬映卧室内白色床架与书桌区等陈设，营造出清新而优雅的宁静氛围。不同于单纯漆色所装饰的主墙，设计师以木质在柜门上刻画出简约的典雅线板，优美的姿态更能为空间带来尊贵气息。

贴士：若说蓝绿色是第一主角，白色床架与床上灰黑配件则是最佳配角，让蓝绿色更时尚出色。

图片提供©羽筑空间设计

339 一抹活力草绿增添休闲气息

工业风空间往往有许多金属铁件、木材或水泥等设计元素，置于家居空间中不免会显得较为硬冷。设计师建议不妨搭配一些较活泼的色调，如本案例中以草绿色装点客厅与厨房之间的隔断墙，给空间增添充满活力的休闲氛围。

贴士：除了运用草绿色的涂料之外，也可以搭配一些绿色植物，会让空间更富有生命力。

图片提供© 羽筑空间设计

340 微带复古工业感的迷人灰绿

本案例在设计之初即定调英伦工业风，在空间中使用大量木材元素来彰显设计感，并且选用灰绿色作为空间墙面底色，借由绿色来呼应原木色调，整体构成人文气息浓郁的复古工业风格家居。

贴士：针对复古风格的空间，设计师建议可多采用偏灰色调的色彩，再搭配铁件元素，更提升质感。

图片提供© 实适空间设计

341 以灰阶凸显阴影，加深视觉纯粹感

以深于阴影色的灰，凸显格局过渡区域的走道阴影空间，创造出犹如画廊的空间纯粹感，再以几何形状的原木，连接空间中其他空间，修饰空间过多的线条，也进一步加强整体性。

贴士：家中常因格局分布会有较为阴暗的过渡区域，可以用色彩来调整视觉，将空间缺点转化为亮点。

图片提供© 羽筑空间设计

342 充满文艺气息的浪漫蓝紫居家

由于房主喜好阅读，希望回到家能够充分放松身心压力，完全沉浸在书本的世界中。因此客厅主色调选择了适合房主文艺气息的浪漫蓝紫色系，并采用大面积落地窗引入充足的阳光，享受晨光下静心阅读的乐趣。

贴士：为呼应空间的蓝紫色调，选用简单自然的具有原木质感的家具，搭配出简约清爽的日式家居风情。

图片提供© 巢空间室内设计

图片提供© 石坊空间设计研究

343 鲜明土耳其蓝背景墙，刻画空间色彩亮点

在白色、浅灰色的客厅空间中，入门直接映入眼帘的沙发背景墙，特意选用土耳其蓝作为跳色，刻画深刻的空间色彩记忆，在相对淡雅的氛围中，透露出具有强烈个人特色的视觉亮点。

贴士：避免空间色调过于无聊，以土耳其蓝沙发背景墙描绘出亮眼的色彩语汇，形成空间的主要视觉焦点。

344 玩味调色元素，创造和谐空间的多元色块

将蓝、灰、白做一系列延伸，将从调色过程中解析出的不同色彩元素置于空间体量，以色块方式呈现，营造出和谐又富层次感的色调设计。

贴士：空间充斥深蓝、彩度蓝、灰，让色彩元素重新调和，化身深灰色与黑色作为装饰线板与灯饰的色调。

345 一抹粉蓝，打造清亮法式浪漫

为满足喜爱浪漫风的女房主的喜好，设计师以法式粉蓝色墙架构空间基调，天花板与装饰层板以白色呈现，搭配浅灰木地板调和冷暖，映衬明亮自然的采光，空间格外清新亮丽。

贴士：为呼应客厅的粉蓝色调，特意选择湖水蓝沙发来搭配，丰富空间视觉层次感。

345

图片提供© 文仪室内装修设计有限公司

图片提供© 寓子空间设计

346 几何色板墙为空间编织新颖观感

对应质朴的乐土电视墙面，在餐厅墙面以几何线条与色彩交织突出新颖感，搭配色调偏黄的宽版木地板，与白色柜体的留白呼应，打造清新的北欧风情。

贴士：以青草绿涂料、黑板漆和灰铁板交织的几何线条墙面，融合了多彩视觉感，也兼具实用功能。

图片提供© 石坊空间设计研究

347 多彩几何色块，彰显童趣生活想象

在这个以材质分隔而成的儿童房空间，设计师选以充满活力与元气的绿、浅蓝、湖水蓝三大色调，搭配几何图形与线条，借以激发孩子对生活的想象力。

贴士：于多彩色块立面呈现的空间里，运用木地板为空间稳住空间的温度。

348

图片提供© 寓子空间设计

图片提供© 文仪室内装修设计有限公司

348 清新粉蓝，勾勒淡雅美式乡村小屋

这是一个老房翻新的个例，为打造房主梦想的美式乡村风住宅，在白底空间里，以粉蓝油漆绘出背景主视觉，搭配灰阶美式沙发，以及白色线板，带来极具轻松感又雅致的生活氛围。

贴士：为搭配粉蓝背景墙，以灰色沙发、点缀粉蓝花卉的单椅搭配，创造空间色彩和谐的调性。

349 饱和色彩刻画鲜明的卧室个人风情

喜欢大胆鲜艳色彩的女房主，希望卧室能以鲜明的色调带来波普风情，设计师选择以草绿色作为卧室主墙视觉，搭配少许富含色彩感的抱枕装饰，满足女房主对鲜明色彩的喜好。

贴士：空间主要以白色的柜体与窗帘，凸显出草绿色主墙的视觉焦点，同时也留住明亮采光的美好体验。

图片提供© 摩登雅舍室内设计

350 小花图案增添粉色女孩房的娇嫩

以粉红色调勾勒立面的粉嫩女孩房，搭配裸色系天花板与窗套，增添了一抹雅致，而小碎花窗帘又为粉色调空间带来视觉变化的丰富性。

贴士：为延续女孩房的粉嫩特质，设计师连窗帘也以同色系粉色的小碎花样式来搭配，延续空间一致的调性。

图片提供© 文仪室内装修设计有限公司

351 糅合灰阶彩色装饰品，装点五彩法式梦想居

考虑房主是喜欢法式浪漫的日式花艺老师，设计师以法式线板搭配日式利落的线条与图案构成空间框架。蓝白色调的清亮留住极佳的自然采光，装点灰阶彩色装饰品作为搭配，犹如呈现花艺般的色彩丰富性，创造空间的视觉唯美与平衡。

贴士：鲜明的蓝色为空间主色调，加入带灰阶的墨绿、粉橘装饰品，体量兼具轻薄，既不干扰视觉，又产生最佳的陪衬效果。

图片提供© 日作空间设计

352 缤纷蒂芙尼蓝为主卧带来舒缓放松的睡眠氛围

主卧室风格以干净的白色作为底色，借此塑造空间极简、干净的基调，以亮眼的蒂芙尼蓝作为背景墙主色调，清新的色调成功地在素白的空间中制造了惊喜视觉的亮点。

贴士：织品延续背景墙的色系，搭配丰富花色点缀，同时也给空间注入了织品特有的温暖质感。

图片提供© 曾建豪建筑师事务所

353 高明度亮黄色，展现空间尺度

尽管卧室采光不错，但空间较为局促，设计师选以高明度的黄色作为卧室背景墙主色调，加强了空间明亮度与舒适性，也放大了空间尺度。

贴士：此卧室采光良好，搭配了高明度的黄色墙面，让空间更显明亮及宽敞。

图片提供© 寓子空间设计

354 海洋蓝打造无拘无束的卧室

配合公共空间的工业风格，卧室采用颜色较深的海洋蓝铺陈，搭配混凝土灰及少许白色，营造较为中性冷静的调性；由于单身女房主对卧室需求较为单纯，只需要简单的衣物收纳柜，因此没有刻意摆放床架，让卧室更为随性自在。

贴士：相较仿清水混凝土的定制柜与木地板朴质的色调，海洋蓝漆墙为空间带来明亮有朝气的氛围。

图片提供© 曾建豪建筑师事务所

355 一深一浅色调打造平和睡眠氛围

卧室属于放松的空间，应以温暖和谐的色调为佳，因此设计师选以深棕色作为卧室背景墙主色调，弱化色彩的冲击感，创造睡眠的氛围，但仍保留了空间的留白，在引入自然光时，空间依然明亮。

贴士：为了避免整体色调过于沉重，设计师利用淡雅浅紫色系床单平衡深棕色背景墙的色调。

图片提供© 寓子空间设计

356 自然色调营造北欧的轻松调性

房主不希望卫浴正对床，因此利用一道 L 形墙面区隔空间，完美衔接自然的调性，湖水绿、暖灰搭配浅色木柜，传递出静谧温馨的北欧调性。

贴士：湖水绿表现自然的调性，搭配中性可可色的柜体与门板，为睡眠区域注入温馨放松的气息。

357 蓝灰的风尚色调，打造居家科技感

从中性的灰开始铺排，调和一点儿冷调蓝色，呈现空间的阳刚又带点儿柔情。而这些色调常使用于具有时尚感的服饰或如铝、不锈钢等材质。运用在空间时，犹如塑造科技与时尚感。

贴士：灰色墙面要避免单调呆板，可以搭配浅色或白色墙饰、沙发，加以调和赋予柔和调性。

357

图片提供© 一水一木设计有限公司

图片提供© 澄橙设计

358 以灰咖啡色背景墙串联空间色调

女房主亲自挑选家具，因为喜好的风格不尽相同，为了不使没有床头板的黑铁锻造床架显得单薄，设计师将墙面漆上灰咖啡色，并使用黑色壁灯延伸一致的风格感受。

贴士：灰咖啡色的主墙，搭配两盏壁灯，暖黄光源的映照，为冷调墙面晕染几分温暖的气息，并与木地板相呼应。

图片提供 © 两册空间设计

359 无色阶质朴味，重现怀旧老宅风

喜爱复古元素的房主，希望家中能重现复古风情的况味，因此设计师除了使用水泥砂浆铺设地面，更于墙面涂以白与灰的涂料，以旧式腰板形式表现，构成带有复古情怀的空间调性。

贴士：深灰色地面向上延续色阶较浅的灰色墙面腰板，深浅不同的灰串联起空间整体的质朴调性。

360

图片提供 © 两册空间设计

图片提供 © 寓子空间设计

360 低反光涂料打造纯色空间

为了找回老公寓应有的光感与尺度，设计师大量运用灰白色调的卡多泥涂料搭配出空间的纯粹感。为了增添家居的暖度，配置木餐桌与木矮柜，营造些许温暖的氛围。

贴士：透过光线的照射，低反光涂料的墙面与地面，不仅与水泥梁柱相呼应，也自然彰显出空间立体感。

361 蓝、灰营造沉稳大气的视觉感受

想为客厅的浅色木地面与大量留白的墙面带来具有主体性的视觉效果，设计师选择以进口涂料做蓝、灰双色处理，为这个空间营造沉稳大气的氛围。

贴士：经特殊涂料处理的电视墙，在任何光源照射下，都能借由光影凸显出涂料的细致纹理和变化。

图片提供 © 寓子空间设计

362 深灰色铺排沉静入眠飨宴

为了赋予空间最沉静的睡眠氛围，设计师以深灰色调铺排卧室空间，整面的深灰漆墙为主角，搭配同色系的床单与窗帘，维持空间调性的一致，而浅木色地面则为空间带来质朴的温度。

贴士：深灰漆墙配置两盏壁灯，黄色色温的光源照射墙面时，又为原本深沉的墙面带来明亮的表情。

第三章

软装色

每种物品都有属于自己的色彩，软装饰品也不例外，而不同色彩，可以营造不同气氛，带给人不同的感受。软装色彩的搭配，可以透过对比、协调、混合等方式来呈现色调的变化。其次应强调软装质地的差异，根据空间色调的属性，选择织布、皮革、塑料类的家具或软装，都会在色泽层次上产生不同的效果。

图片提供©戴绮芬设计工作室

363 **鲜明跳色的软装，塑造空间的显著亮点**

多数人会以明亮的白色，或大地色作为空间基础色，而把焦点色块凝聚在家具、软装的表现上，采用强烈的冷暖对比色、不同肌理质地的软装物件，替空间制造鲜明亮点。

364 **挑选空间内的色彩元素，作为家具、软装的色调**

当空间的天花板、地面、墙壁的色调构建好后，进行家具、软装配置又是一门功课，避免出现空间色调的违和感，可以将空间里出现的色彩元素作为选择，提供视觉感受一致的设计。

图片提供©日作空间设计

图片提供© 文仪室内装修设计有限公司

365 深浅色调的交织，丰富空间色彩的层次

想兼顾、丰富空间的视觉焦点，但又要掌握色彩和谐度，可以选定同一色系，或是相邻色系的软装单品，在色阶上跳着使用做变化，透过深浅色调的堆叠，带给色彩层次感，同时也隐性串联了色彩联动性。

366 光源色调变化，玩味家具装饰的视觉温度

就软装色调而言，光线对其的作用，通常会依空间的使用需求，选择以人照光源的灯饰来搭配，借此塑造不同的空间氛围。当以明亮的白光做照明时，能提供软装更饱和的色彩呈现；若以低色温的黄光映衬，则又为装饰品增添了一份微温感受。

图片提供© 戴绮芬设计工作室

图片提供©巢空间室内设计

图片提供©澄橙设计

367 用亮丽跳色展示层架，创造空间的视觉焦点

将女房主喜爱的蓝色，以跳色的铁件展示架形式作为客厅主墙装饰，以饱和明亮的色感为空间增加元气，再搭配邻近色的布面沙发与抱枕，借此堆叠色彩层次，并以布饰质地唤出空间的温度与舒适感。

贴士：以浅蓝沙发与橘色抱枕，呼应深蓝、明黄交错的展示架的色调，为客厅增添明亮的彩度。

368 原木色与白色的双层亲子空间，北欧配色好温馨

挑高空间一分为二，无论楼下餐厨区，或楼上游戏室，皆为亲子长时间相处的家居空间。设计师利用原木纹搭配白色点缀局部缤纷色彩，营造温馨柔软的北欧情调。楼上不规则镂空白色护栏，更是能让父母随时看得到，能让小朋友独自在上头玩耍的贴心设计。

贴士：在大面积原木色、白色基础上，点缀清浅的绿单椅、冰箱、黄色吊灯，打造随性不拘束的温暖亲子空间。

369 黄铜造型吊灯，为木质空间增添细腻质感

由于整个空间以简约、干净为调性，为了让整体空间看起来更具变化与丰富性，于餐厨区加入黄铜造型吊灯，融入后风格不显突兀，同时为小环境制造亮点，增添现代时尚气息。

贴士：黄铜球状造型灯，略带反射的亮面材质，提升空间温润色调的质感。

369

图片提供©巢空间室内设计

图片提供©子境空间设计

370 跳色装饰品创造简约时尚的现代风空间

空间中典雅大气的氛围自客厅延伸而来，餐厨空间则以鲜橘座椅与墨蓝、深灰展示柜体做出视觉对比，在浓彩度的软装包覆下，原木调的餐桌与背景墙透过原木天然的纹理肌理，让此区域呈现隽永雅致的生活品位。

贴士：展示柜体上半部以深灰色烤漆处理，下半部选用墨蓝搭配，消光的柜面则带来完美质感，塑造余韵无穷的细致氛围。

图片提供 © KC design studio 均汉设计

371 多元纹理混搭，展现轻快舒适的空间个性

选用了女主人喜爱的柠檬黄作为侧边立柜主色，成为空间的亮点，底端墙面则以深浅相间的六角砖跳跃拼接，调和与黄的耀眼冲突，配合人字拼地板，以多元纹理碰撞无比轻快甜美的空间节奏。

贴士：除色彩之外，各种材质的图纹拼接能为立面空间带来丰富缤纷的调性，也让天花板、地面、墙壁拥有更多设计表情。

372

图片提供 © 实适空间设计

图片提供 © 优尼客空间设计

372 明黄沙发为沉静空间带来活力

客厅开放区域以深蓝为主色调，奠定沉静稳重的空间氛围，然而大胆置入的明黄沙发，强烈的视觉冲突更为空间创造另一个焦点与活力，并利用抱枕等小配件，进一步呼应空间主色，加强视觉的连接性。

贴士：跳色的比例拿捏最为重要，即便空间主色鲜明，透过软装配件制造色彩反差，便能在平衡中创造反差。

373 暖黄沙发为家带来阳光般的温暖

为呼应家居空间的极佳采光与通风，以暖黄沙发为中心，伴随暖阳的置入，便是自然中的草绿与木色，偏黄色调的处理，保持空间一致性，创造家中独有的自然氛围。

贴士：若以大型软装物品作为空间主轴，在色彩选择上不宜过度强烈，建议以调和过的相近色系与之辅助。

图片提供 © 六相设计

374 活泼亮橘沙发凝聚视觉焦点

在以白色与木质色调为主的空间中，可以运用家具软装的色彩来营造氛围情绪。如在本案例中选择以色彩饱和度高且活泼亮眼的亮橘色沙发，作为空间中的视觉焦点，也为整个家带来愉悦明亮的气息。

贴士：亮橘色与空间中的木质色调具有色阶上的呼应效果，既能形成亮点，又不会过于突兀。

图片提供 © 奇逸空间设计

375 缤纷家具就是无色背景住家的最好装饰

在无色冷调的衬托下，浓郁的橘、绿、红、紫造型沙发椅在客厅随意错落，木纹瓷砖U形台面成为空间主景。厨房则以铜置物架搭配深黑石材吧台，LED灯光若有似无地勾勒轮廓，营造轻松时髦的居家气息。

贴士：黑、白、灰作为低调的背景色，点缀鲜艳的家具与黄铜壁架，为空间增添随性大气的质感。

图片提供 © 六相设计

376 用明亮鲜黄的点缀，削弱大梁的压迫感

本案例中的客厅与餐厅之间有一道横梁会造成压迫感，设计师巧妙选用亮眼的鲜黄色格栅加以修饰，在视觉上成功削弱梁体的重量，同时也与空间中的黑色墙面形成亮眼的对比，增添温暖活泼的能量。

贴士：展示壁柜与餐桌椅也选择色阶相近的木材质感，让整体空间的色调富有主题性。

377 运用前后景深，将杂乱的色调转为背景花色

在空间设计中，如何处理杂乱的色调也是一门学问。如本案例的房主拥有众多藏书，为了让书籍陈列具有美感，设计师将书柜垂直向的木板加厚并向前延伸，结合上下错落的效果形成视觉的前景，使书籍成为如织锦花色般的背景。

贴士：餐椅选用透明色系，减少颜色对空间造成的干扰，让书墙成为一道端景。

377

图片提供© 六相设计

图片提供© 六相设计

378 红棕色系皮革淬炼光阴的足迹

本案例在空间色调上采用了大面积的处理，原木色的天花板与深黑色石英砖铺陈的地面相互呼应，构成简单而直率的性格，巧妙搭上一组红棕色系的皮革沙发，在简练中凝聚了时光的气息，让家的质感越陈越香。

贴士：红棕色皮革展现的个性较为强烈，较宜用于中性色调的空间，才不会流于俗气或突兀。

图片提供 © 羽筑空间设计

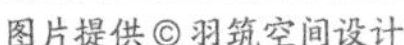

379 初秋氛围用黄色对象表现

换季时除了更换衣物与寝具，不妨也用彩色小物换换家中的气氛！本案例属于简单素雅的日式居家，运用明黄色的餐巾、灯饰与柠檬黄抱枕加以点缀，让人联想到黄澄澄的秋季意象，心情也能随之转换。

贴士：想要让空间色彩更素雅自然，也可以利用气质高雅的花草作为色彩点缀元素。

380 留意比例让色彩搭配更匀称

在空间配色的比例上，设计师建议主要色调与装饰色调的比例可以 2 ： 1 为基准，如本案例中 2/3 是中性色调，1/3 采用原木色调作为搭配，透过匀称的比例拿捏，让整体色调既有变化，又不会显得混乱。

贴士：植物挂画与锯齿状黄色抱枕象征着热带雨林的意象，借由小巧思让空间更具活力趣味。

图片提供 © 羽筑空间设计

381

图片提供© FUGE 馥阁设计

381 用灰阶粉嫩打造有成熟韵味的温馨感

长形挑高的新房，在视觉上容易产生冷冽空旷的感觉，因此整体配色主要以木头和蓝绿色调为主轴，软装饰品则以灰阶和带灰色的粉嫩来置入，让空间多一点儿色彩，又不至于过于童趣，展现成熟的温暖氛围。

贴士：灰黑与木质基调的色彩比例较高，粉嫩颜色仅些微出现在餐具、花器上，透过灰、黑、白更能衬托出粉嫩的色彩。

382 深色装饰稳定空间的视觉效果

在开放式格局中，若未掌握视觉上的比例平衡，反而容易让空间显得空洞。不妨利用深色家饰物件来稳定整体空间感，如本案例选择一组黑色沙发置于客厅、餐厅之间，让空间层次变得平衡稳定。

贴士：挑选深色物品也应注意其尺度与整体空间格局的关系，以免造成视觉比例失衡。

图片提供© 六相设计

图片提供© 北鸥室内设计

383 打造儿童房的创意视野，用几何色块激发创造力

儿童房以暖色调带来温馨感，并铺陈木地板营造温润氛围，以窗面引入美好采光，同时搭配色彩缤纷的壁纸与配件，给予学龄前儿童创造力的启发，弹性配置的家具，可依孩子的成长阶段变动，注入不同的空间性格。

贴士：无论是在壁纸、抱枕、挂饰等处，皆可见色块以三角或菱形等几何图案呈现，让颜色变得具有表现力，激发创意的视觉火花。

图片提供© 曾建豪建筑师事务所

384 家具单品选色活泼，带入生动的空间焦点

温暖的奶油色系成为空间画布，质朴的木纹肌理塑造北欧风格的简约印象，客厅的淡蓝色沙发搭配鹅黄色小茶几，餐厅的绿色吊灯配红色餐椅，透过精简的单品色彩，创造活泼的空间表情。

贴士：淡蓝色沙发、鹅黄色小茶几营造出温暖氛围，餐厅的红配绿对比色强烈而立体，4 件单品和 4 种色彩，创造并界定空间。

385 彩色铸铁锅化身彩妆师，餐厅质感和色彩缤纷

由于女房主拥有数十个铸铁锅，连带牵动了餐厅厨房的色彩风格，首先定位的白砖墙面空间成为彩色铸铁锅的展示台，恰好形成伸缩实木餐桌的端景，也为餐椅的创意配搭提供了更多可能性，一旁搭配白色百叶窗，营造轻美式风格的清爽韵味。

贴士：粉嫩色调的丹麦品牌单椅，与女房主众多彩色铸铁锅的收藏，呈现相辅相成的缤纷空间焦点。

385

图片提供© 曾建豪建筑师事务所

图片提供© 北鸥室内设计

386 缤纷马卡龙单椅，提升讨喜的彩度

餐厅兼具书房功能，于墙面加入展示架，用以放置书本与饰品、植物等，创造墙面的丰富表情，而 3 把粉色、蓝色与绿色的马卡龙色单椅，提升了空间彩度，带来讨喜又有童趣的氛围。

贴士：展示柜后方墙面看似白色，实则为淡淡的奶茶色，不仅可与白色天花板形成层次差异，也与窗外的柔和阳光更为相衬。

图片提供© 优尼客空间设计

387 掌握比例，创造家的清新自然感

以大面积的白色与浅木色构筑出清爽的北欧风格，配上一旁深绿色的黑板墙，呼应橡果造型的灯具与动物画作，富有童趣的森林感瞬间浮现出来，为每天的用餐时光增添犹如森林野餐般的乐趣。

贴士：重色墙面的置入，必须尽量统一周边环境的色系，并选择搭配得以呼应的软装饰品，建立空间整体性。

388

图片提供© 实适空间设计

图片提供© 北鸥室内设计

388 掌握空间色彩比例，创造和谐舒适的空间氛围

客厅的墙面腰带处理特别将色彩置于上方，加强暖灰柔和的视觉印象，在比例上则缩减下方留白处，以2：1的色彩分布平衡视觉感受，蓝灰色沙发的高度与墙面腰带切齐，带给空间重点色与重心，进一步稳定视觉平衡。

贴士：一定比例的重色运用能创造出空间的重心与平衡，然而沙发等大型软装的挑选仍须格外重视比例与高度。

389 巧搭软装硬装 显现视觉层次

床头墙铺陈的鹅黄色壁纸，搭上温润木地板的铺设、木质家具的陈列以及床头灯的暖意装点，凝聚了整体的温馨气息，并采用可弹性移动的品牌家具，床边放置了有趣的彩色路标装饰，瞬间点亮了视觉，营造出带有街头感的年轻氛围。

贴士：当出现3种以上色彩时，需掌握软装所占空间的比例，并保有墙面留白，如此可显示出一股生活感，又不至于过于凌乱。

图片提供© 大秝设计

390 在浅色空间点缀缤纷色彩，带给空间活力

小巧简单的空间配置，再加入了柔和缤纷的色彩后，便能在有限的空间创造丰富的视觉感受，尤其是不规则的柜体把手设计，在细节处为空间增添亮点与趣味。

贴士：在简单的空间中点缀上些许缤纷色彩，便能有画龙点睛的视觉效果。

图片提供©摩登雅舍室内设计

391 粉红与水蓝相衬，更添浪漫氛围

客厅墙面特别运用古典图案壁纸，两侧映衬马卡龙粉的墙面，辅以白色古典线板点缀，流露典雅的美式风格。搭配清新的水蓝色沙发，与粉嫩色彩相互映衬，展现少女般的梦幻情怀。

贴士：地毯刻意选用马卡龙粉与水蓝相拼的色系，巧妙地与空间形成和谐搭配，给如水彩般的质感注入了浪漫情调。

图片提供© FUGE 馥阁设计

图片提供© 六相设计

392 多彩家具结合手绘条纹天花板，挥洒创意空间氛围

热爱缤纷色彩的房主，对于精品家具有着独到的品位，一张张如梦幻逸品的单椅，在浅粉红与白的背景下更显出色，天花板则由法国艺术家手绘而成，经典的条纹配色与软装相呼应，并穿插咖啡色平衡多彩的颜色。

贴士：在粉红色厨房中加入霓虹灯光，到了夜晚营造出如酒吧般的迷幻光影效果。

393 运用渐变色，丰富空间表情

由于空间中需要大量收纳柜体，设计师运用木工与线板打造方格收纳柜，并赋予渐变水蓝的色调，在灯光渲染下展现变化多端的丰富美感，也让整面柜体成为惊艳焦点。

贴士：餐椅与展示架也选择了活泼的红色与黄色，让空间的表情显得活泼而俏皮。

图片提供 © 方构制作空间设计

394 对比色与材质的搭配，让设计不落俗套

蓝紫与橘黄，在色环中属于对比位置，应用在室内设计中最能创造出鲜明、撞色的个性风格。设计师不以涂料色混搭，而以烤漆蓝的冲孔板与橘黄的焦糖色皮椅、木色桌板激荡出丰富而耐人寻味的色彩对比，宁静舒适的餐厅一角也能拥有闲适自然的美感。

贴士：带有淡色层次木纹的橡木地板，恰巧缓和了对比色的视觉冲突，让空间立面因色彩的调和而更耐看。

图片提供 © HATCH Interior Design Co. 合砌设计有限公司

395 清新明亮的蓝白舒适住宅

以因房主喜爱而率先选购的蓝色沙发为色彩主轴，延伸到电视墙并点缀一致的色块，裸露的管线也运用蓝色作为线条勾勒，让软装与硬件框架彼此连贯呼应，视觉上极为协调，而背景墙与天花板挑选浅灰取代白色，衬托出更有质感的空间韵味。

贴士：地面铺饰宽版浅色木地板，斜铺方式创造延伸放大的视觉效果，浅色调与蓝白展现出清爽氛围。

图片提供 © 方构制作空间设计

396 空间的精彩设计魔法，从色彩开始

想要兼顾多彩缤纷与清爽的印象，设计师巧妙运用跳色逻辑，在大面积低彩度体量下，穿插点缀高饱和色彩的配件，如土耳其绿抱枕、柠檬黄吊灯等，浅色调空间清爽，而彩色软装缤纷，一唱一和下谱出最和谐的居住乐章。

贴士：运用跳色手法，将房主喜爱的浅蓝与黄色融入设计，透过家具、软装的搭配，空间也显得活泼起来。

图片提供©乐创空间设计

图片提供©甘纳空间设计

397 粉嫩多彩的童趣配色，创意里装着可爱

完全考虑亲子空间的设计，除了涂装粉嫩的墙面色彩外，并选用多彩家具配置，塑造缤纷童趣的视野，米黄色沙发、淡粉红色单椅的配色活泼，黄色吊灯也让人眼睛一亮。

贴士：为孩子布置的家，满满的童趣，用小茶几收纳的彩色气球以及卡通动物抱枕，让温馨可爱无所不在。

398 渐变蓝糅合黑灰基调

房主于设计初始即表明对黑、红色彩的喜爱，在公共区域除黑色之外，以天花板的浅蓝色吊灯增添视觉亮点，并加重色阶串联中岛柜体，在深色空间框架下，家具软装脱离不了灰、黑与蓝，小装饰物如抱枕用来提高彩度与图案的设计，注入了轻快的节奏。

贴士：窗帘布料同样依循蓝色主调，彩度稍微拉高一些，糅合黑色餐桌、灰藕色沙发的低调氛围。

图片提供© 甘纳空间设计

图片提供© 一水一木设计有限公司

399 鲜明色彩创造独特生活品位

由房主的幸运色——绿色作为空间色彩的延伸扩散，客厅沙发选用翡翠绿色调，配上后方水泥粉光墙面，借此更为衬托出视觉重点，小比例的家居软装则搭上柠檬黄以及玫瑰金茶几，以鲜明亮眼的颜色对比，赋予空间独特个性的品位。

贴士：天花板运用灰阶薄荷色的铁件，用来遮挡空调，同时成为房主随性悬挂干燥花的位置，这便是装点居家绿意的巧思。

400 明亮芥末黄沙发让简单空间更出色

以简单是美、实用为上作为设计原则，在墙面上采用低限度装饰水泥粉光涂装表面，搭配轨道灯、工业风书架及木质地板，营造出理性温柔的轻工业风格，并将色彩焦点放在芥末黄沙发与灯饰配件上，让空间更显人文气息。

贴士：窗边土耳其蓝圆垫及蓝白相间的抱枕，恰与沙发为相邻对比色，可让视觉更显活泼、有朝气。

401 纯净白灰衬托亮眼的色彩层次

此案例的房主钟爱收集经典椅子，拥有许多公仔，也早已选定芥末绿沙发，为了衬托家具与收藏品，整体空间以纯净白色为基底，并特别融入浅灰色系，降低过于强烈的对比并凸显质感，并以黑色系、不同款式的餐椅搭配，赋予视觉稳定感，又能创造变化。

贴士：由于家居软装、收藏的公仔的颜色相当丰富，因此对每个区域仅适当再赋予一些色彩，例如中岛吧台的祖母绿，避免太多颜色造成失焦。

401

图片提供©甘纳空间设计

图片提供©方构制作空间设计

402 既低调又缤纷，家的色彩圆舞曲

仔细瞧瞧空间中拥有的色彩：蓝柜墙、酒红百叶、鹅绒黄沙发、木石天花板以及焦糖橘、灰、白、木色软装，各种色彩碰撞却毫不凌乱，反而自有一番搭配逻辑，用缤纷表情书写属于家的活泼调性。

贴士：同一空间中虽然色彩偏多，但只要抓对使用的饱和度比例，就能打造缤纷而协调的多彩立面。

403

图片提供© 一水一木设计有限公司

404

图片提供© HATCH Interior Design Co. 合砌设计有限公司

图片提供 © KC design Studio 均汉设计

图片提供 © KC design Studio 均汉设计

404 鲜黄、红色平衡质朴空间并注入暖意

82 平方米的二手房改造，经过微调格局以及开放式的留白设计，空间材料回归较为纯粹的框架，水泥粉光、白墙、灰色涂料，构成中性无色彩的调性，玄关几何柜体的鲜黄色调，餐椅上的红色坐垫，则作为提升空间的视觉亮点。

贴士：除了运用家具、柜体色平衡室内温度，在走道悬挂的画作也隐含了红与黄色调，丰富并串联了空间色彩。

403 暖色皮沙发，调和灰阶空间的冷漠感

在无色彩的空间中，家具、装饰成为居家的主角，此空间选择了暖色调的茶褐色皮革沙发作为视觉的主体，恰好可调和无色彩空间的冷漠氛围，并与餐桌上金属红铜色的吊灯遥相呼应，而抹茶绿的餐桌椅则可让用餐空间更添可人甜美的气息。

贴士：在家具配件中适度添加几件白色单品，如白色单椅、白色餐桌……让空间有留白的呼吸感，也是很棒的选择。

405+406 低饱和度色彩带来简约生活态度

从事平面设计的房主，偏好带有个性色彩的工业风宅，设计师以水泥粉光背景墙与磐多魔地面形成浅灰主调，裸露的蓝色管线与彩度较低的定制沙发，大面积素净而局部跳色的做法，为客厅带来温暖和谐且不失个性的调性。

贴士：多彩度的软装中和了大面积水泥的粗犷感，黄光照明则恰到好处地赋予空间和煦的温度。

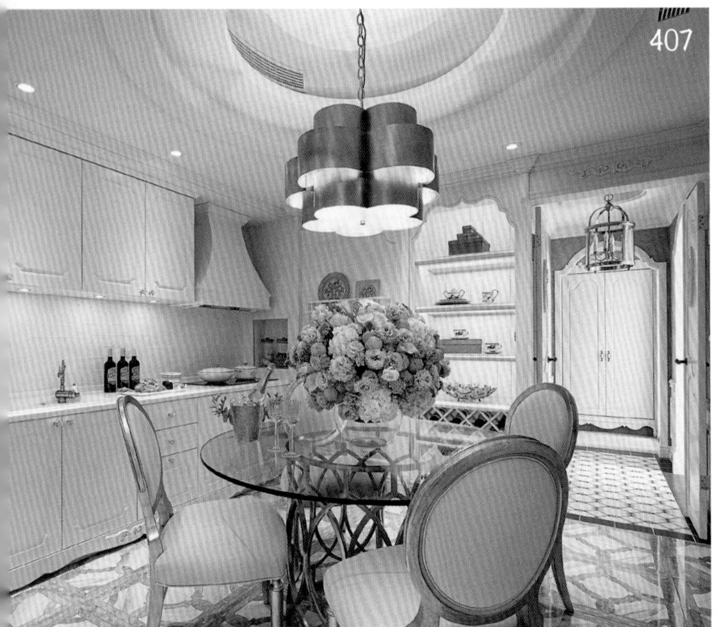

图片提供 © 摩登雅舍室内设计

407 高贵金点缀，打造奢雅质感

由于房主偏好利落的乡村风格，餐厨区改为开放设计，采用全白柜面降低体量的沉重感，餐厅则搭配米色餐椅，餐椅框架为雾银色，低调而时尚。天花板则以金色造型的吊灯点缀，在白净的空间中显得亮眼瞩目，添加了奢华气息。

贴士：因应全白空间的设计，地面则以米白色复古地砖铺陈，搭配古典图案，让空间有丰富的层次之余，也具备轻奢质感。

图片提供 © 六相设计

408 保护色原理消弭家具的存在感

如果希望空间尽可能干净、纯粹，在选择家装物件搭配时，可采用自然界中的“保护色”原理，运用同色系来削弱家具在空间中的存在感。如本案例中选择与地板、窗帘相近的白色沙发，让整体视觉平衡一致。

贴士：白色为主的家居空间可适度点缀深色与暖金色系，增添温暖的气息。

409 深浅灰阶达到自然疗愈之感

母亲与两个女儿的居所，配合着窗外远方绿意，采取简约柔和的空间设计，灰调烤漆背景，深灰色沙发搭配木质单椅，自然淡雅的色系让人更能感受到疗愈放松的效果，搭配些许的植物装点，感觉更为清新。

贴士：灰与木质基调串联的公共区域，在开放的展示柜加入玫瑰金细节，展现精致优雅的质感。

409

图片提供© FUGE 馥阁设计

图片提供© 羽筑空间设计

410 宛若春日清晨的纯白居家

纯白色的家居空间其实是最难的色彩哲学，设计师建议适度装点更能彰显白色的纯净质感。可挑选嫩绿、浅黄色等带有清新感的纯色元素，呼应白色纯真无瑕的新生气息，创造仿若春天清晨时分微光下的美好意象。

贴士：一般家居空间若全部只使用白色元素，容易给人如医院般的冰冷印象，建议搭配温和清新的色彩以营造温馨感。

图片提供©原晨室内设计

411 宝蓝中一点儿红，高彩度让空间更显缤纷

在布满米白色的静谧空间中，以宝蓝色沙发凸显重点，搭配鲜红色茶几，高彩度的配色让视觉更为缤纷。同时搭配蓝、黄色系的抱枕，齐聚三原色的配置为空间注入活泼的生命力。

贴士：为了不让空间有太多复杂用色，地毯选用灰色系做底色，沉淀空间情绪；再局部点缀多种色系，呼应高彩度的配色。

图片提供©璞沃空间 /PURO SPACE

412 灰、蓝同材质沙发，柔和对比很舒服

开放式客厅以沙发的灰与蓝定调空间色，表达出专属于男性的阳刚、理性魅力。与光线充足的天窗、多功能区相邻，设计师利用铁件勾勒拉门造型，充分透光之余，亦呼应落地柜体的几何线条，营造利落的氛围。

贴士：靠背主人椅选用的蓝色跳脱了灰沙发的框架，凭借材质的平衡，削弱了色彩对比的锐利，予人眼前一亮的舒适感。

413 糖果色混搭线条，塑造温馨场景

客厅用粉色懒人沙发床，形成讨喜的色彩焦点，带来专属于年轻人的清爽氛围，搭配浅色圆形茶几与随意置放的抱枕，让空间随时可因使用情境调整，构成舒适且不拘一格的放松味道。

贴士：圆润的家具造型，搭配讨喜的糖果色调，无疑是绝佳搭配，柔化清冷的白色墙面与方正的梁体线条，让画面更和谐。

413

图片提供© 北鸥室内设计

图片提供© 曾建豪建筑师事务所

414 粉彩色丹麦家具，尽情诠释风情

在全屋白墙与钢石浅灰地面的中性色调基调上，客厅空间的风格表现都留给软装发挥，轻盈亮眼的丹麦家具点缀出色彩活力，而在靠窗处设计打造了慵懒的阅读区，木阶梯书架上摆放的小盆栽，在迎来日光明媚时诠释了清丽气质。

贴士：蓝、白色小茶几与深紫色沙发，粉红小抱枕，如此缤纷的跳色，诠释出斯堪的纳维亚的简约风情。

图片提供 © 北鸥室内设计

图片提供 © 森境王俊宏室内装修设计工程

415 鲜黄搭配灰蓝，清爽带有活力感

客厅采用了许多丹麦品牌的家具，混搭出温馨简约的北欧风，像客厅的白色木脚扶手椅与可轻松带走的小提手茶几、黄色置物篮等，并刻意将家具随性摆放陈列，表达出不受拘束、舒适自在的生活态度。

贴士：以灰、白、蓝色做出和谐的冷色背景，并适度装点鲜亮的黄，使空间更具活力，但仍保有协调感而不致凌乱。

416 亮蓝色激发出灰彩空间的精彩

先以灰彩壁纸作为空间背景，再搭配黑、灰色的主要家具营造出慵懒的空间氛围，而让视觉的焦点落在众多抱枕的色彩以及地面的波隆地毯上，让视觉充满惊喜。其中土耳其蓝的花器则是最吸睛的焦点。

贴士：虽是灰色空间，但因为墙面上、沙发上、桌上的蓝色点缀，让画面有种无处不飞花的亮丽色感。

417 软装配件为纯粹空间标注个性时尚

由于房主偏爱洁白干净，于是大量白色与自然光成了空间主调，设计师巧妙以海洋蓝沙发、单椅软装配件定义出家的个性，高明度与低彩度的混搭看似冒险，却也碰撞出令人惊艳的空间张力。

贴士：带弧度的天花板与嵌灯将头顶的沉重感归零，能充分将视觉引导到每个空间体量上。

417

图片提供© KC design studio 均汉设计

418

图片提供©子境空间设计

418 内敛灰色调蕴藏细致而美好的生活纹理

男主人欣赏灰色的沉稳大气，又担心空间过于肃穆单调，设计师则以明度低但饱和度高的彩色软装，作为局部跳色点缀，为黑白灰带来细致的表情变化，摒弃花花绿绿的多余设计。

贴士：饱和度高的色彩能塑造多彩多姿的调性，但有时并不适合铺陈较沉稳的空间，因而减低明度能让细腻感一气呵成。

图片提供©璞沃空间 /PURO SPACE

419 动与静、红与灰，对比手法让空间聚焦

客厅延续黑、灰、白现代的沉稳基调，将代表中式风情的红色点缀于端景柜内侧，达到画龙点睛的效果。而厨房过道处宽 3 米、长 2.4 米的泼墨漆画推拉门上，带暖色律动的笔触，在理智静谧的空间中显得格外吸睛。

贴士：泼墨漆画是为住家量身定做的作品，取其随性灵动与渐层色彩，糅合黑、白、灰与一抹红，用线条与色彩达到“是对比，也是融合”的最高境界。

420

图片提供©甘纳空间设计

图片提供©新澄设计

420 灰黑、绿色软装体现视觉层次力

尝试以新颖的冷调材质，在以米黄色调为主的空间框架下，运用镀钛、大理石墙勾勒精致的质感，软装色系以灰黑色调为主轴，拉出与硬件设计的层次，搭配黑白图案沙发，再透过灰色地毯与家具、地板做出视觉区隔，同时也凝聚了空间感。

贴士：沙发一旁的落地窗面，选用介于米黄、灰黑之间能予以跳脱感的绿色系窗帘布，搭配带有绿意图案的窗纱，让颜色创造出空间的景深层次。

421 留白极简背景，让生活轨迹成为空间最好的装饰

透过哥本哈根的居家设计概念，简约、纯白背景搭配少许墙面艺术设计，软装选择浅灰色皮沙发、深灰地毯与黑色单椅，为即将入住的人、事、物释放出最多的空间自由，保留极大的使用弹性，因为生活就是最美的装饰。

贴士：以超白漆勾勒客厅轮廓，灰、白作为主要色调，仅透过单椅、抱枕等软装点缀，保留未来生活的弹性。

图片提供©新澄设计

422 黑、灰、白诠释无印良品风格的温馨居所

客厅与书房以清玻璃隔间区隔，达到视觉穿透的空间分享效果。简约的线条搭配黑、灰、白无色彩主调，仅运用沙发、抱枕、地毯、窗帘等深浅灰色软装作为功能装饰，透过织物柔软温暖特性，令无印良品风格的空间有了家的温度。

贴士：客厅透过一半的白漆与一半的灰色软装组成，无色彩家居虽然线条简约，却因使用大量织物而具备柔软温暖的特性。

图片提供 © KC design studio 均汉设计

423 软装重点色，塑造空间的时尚个性

以橘、黄等暖色调烘托餐厨空间的温馨气氛，本案例的设计以黑、白、桃红的明亮用色大胆挑战传统，六角花砖地面延伸至中岛橱柜背景墙，搭配白色立柜展现简约利落，白与桃红餐椅及木桌则扮演了灵魂主角，为空间带来鲜明自我的时尚态度。

贴士：使用对比色系的搭配塑造空间个性，再以明亮度缓和高彩度的强烈感受，精致灰阶的几何花砖呼应水泥地面，表现空间的独特性。

424

图片提供 © 实适空间设计

图片提供 © 奇逸空间设计

424 优雅酒红提升空间的个性魅力

在以灰色调为主色的厨房空间中，在层板等细节处加入色彩，带灰度的暗色粉红，如同稀释后的红酒，为中性的空间带来不容忽视的优雅，也彰显出女主人的空间属性。

贴士：中性的空间中，适时地在细节处加入色彩，便能为空间添加个性与亮点。

425 波普风瓷砖爬上餐桌，混搭橘红家具更吸睛

瓷砖变身餐桌桌面，再延伸墙壁，转折出 90 度的 L 形立体装置艺术，蓝、白、黑几何图案不规则地搭出波普风艺术感，摆上亮眼的橘色餐椅、小凳，成功转移狭长住家所带来的空间压迫感。

贴士：公共空间从木皮、大理石转移至波普风瓷砖、玻璃、橘色餐椅，局部的抢眼装饰成功完成空间过渡。

图片提供 © KC design studio 均汉设计

426 设计方砖为厨房刷出新定义

69 平方米的空间中，每个区块的用色既要独立却也不能突兀，设计师以厨房的方形花砖背景墙为出发，延伸色彩元素的脉络，与宛如千层派的三角造型桌、吊灯、橱柜及地板相互混搭，绝对有型，却也绝对和谐，打造出独一无二的轻快舒适的居家风格。

贴士：几何方形花砖是来自英国设计师的设计，沉稳时尚的表现为厨房做出最时尚的定义。

图片提供©纬杰设计

图片提供©诺禾空间设计

427 白色放大空间感，植入薰衣草的绿意想象

将柜体整排靠墙设置，留白基底搭配浅色质感的家具，让改造后的主卧坐拥更大的空间感，床头背景墙处则饰以柔软布面，以宁和的抹茶绿修饰，在浅色木地板的温润承载之下，让私人领域显得温煦舒适。

贴士：薰衣草般的淡紫，成为继淡绿色之后的另一种彩度，运用于单椅及床单上，让空间在清爽之余，也添了几分柔雅气质。

428 湛蓝色地毯盘踞核心地位，温暖不张扬

拥有足够宽敞的空间，客厅想要素雅不奢华的生活质感，以天然石材铺陈大面积的电视背景墙，可在旁适时地加上铁件柜体和屏风单品，宽敞的珍珠白色系沙发搭上画龙点睛的湛蓝色调地毯，增添了温柔的浪漫语汇。

贴士：宛如泼墨效果的湛蓝色地毯，呼应周边家具的银灰色冷色调，蓝色温暖不张扬，但又十分抢眼。

429 草绿地毯布置野餐，激荡童趣的想象

儿童房游戏室由陈列活动式的家具替代硬装，保有空间未来的使用弹性。小木屋造型床塑造美式乡村风格，在浅色木质装点的大地色里，放上一张草绿色地毯，带有几分人工草皮的真实感，摆上木头小桌椅，随时开始野餐的好心情。

贴士：童趣的设计来自户外野餐的想象，草绿色地毯和红色游戏车，红配绿的对比色让主题活灵活现。

429

图片提供© 诺禾空间设计

图片提供© 奇逸空间设计

430 红、绿互补，从体积到色彩的绝佳平衡

客厅、餐厅分处住宅两端，透过折叠成 N 字形的“绿盒子”隔间相互串联，面对空间中如此分量的功能体量，客厅选择大型立灯加以平衡，而红、绿为互补色，令整体视觉更加协调。

贴士：不抢戏的绒面葡萄牙家具拥有柔和的蓝色、驼色，在绿色与红色巨型体量的衬托下，做出优雅古典的迷人脚注。

图片提供© 禾光室内装修设计

431 红色餐椅制造空间温暖亮点

灰黑色系作为空间基调，借此来创造加强景深、放大空间的效果，灰色全身镜映照出横向的餐厨空间，白色餐椅延续赛丽石餐桌台面的色系，红色更从深灰色、白色中跳脱出来成为餐厨区的亮点，为餐厨带来更多温暖氛围。

贴士：玄关入口延伸至厨房区域，铺设灰黑六角砖与室内产生区隔、赋予落尘区功能，而六角砖所拉出的横向轴线，亦有放大空间感的作用。

图片提供© 禾光室内装修设计

432 鲜艳软装跳色拉出层次与温暖

空间主轴色调以灰色系为主，沙发以浅灰为大面积主体，黄色、橘色则发挥跳色功能，作为弹性多功能门的拉门采用深灰色沃克板，撷取与抱枕相呼应的橘色在拉门上烙印房主的英文名，而在多功能房中也以黄色沃克板作为材料，与沙发相互呼应。

贴士：选定鲜艳的黄色作为跳色，橘色抱枕便以低彩度、明度为主，避免视觉过于杂乱，但又能让空间增添一些温暖感受。

图片提供© 新澄设计

433 双色柜体透过视觉延伸，打破界线，让设计更有趣

在客厅、餐厅铺陈灰、白色调作为背景，令兼具整合收纳、电子蒸气壁炉等功能的方形收纳柜成为最显眼的体量。将单一材质的木质柜体做深灰、木皮双色分割，除了正常的立体转折外，更巧妙地以同色木皮制作餐桌，形成多维度的视觉延伸，成为设计亮点。

贴士：餐厅周围的灰、白背景凸显了方形收纳体量，深灰与木皮 1 ： 2 的切割比例，点缀了两盏鹅黄吊灯，成为住家最吸睛的功能装饰。

图片提供© HATCH Interior Design Co. 合砌设计有限公司

图片提供© 日作空间设计

434 将颜色玩在软装上，活跃空间气氛

想打造出充满大自然元素的家居，设计师利用鲜明色调的软装、家具丰富空间表情，像沙发、抱枕、画作、收纳矮柜等物品，运用自然中随处可见的蓝色、黄色、绿色、红色来活化空间彩度。

贴士：为实现自然世界的元素，在软装和家具的选择时，以布料、木材的物品为主，增添空间温度感。

435 布料织纹与低彩度跳色，为黑白空间注入暖度

不喜欢木皮色，但又希望展现温暖，因此锁定运用黑白灰实现房主钟爱的无彩色，借由大面积的布料纹理表现，赋予温度与质感，而低彩度的芥末黄、土耳其蓝抱枕产生适当的跳色效果。

贴士：书柜木皮特意染黑，但仍保留一点点纹理，衬以亮面不锈钢背景，既可对应房主喜爱的明快氛围，又能淡化不锈钢材质的冷冽。

图片提供©纬杰设计

436 色彩营造丰富层次，彰显对比趣味

在公共区域加入大面积灰墙串联空间，延伸开阔感，在中央搭配鲜明的蓝色沙发椅聚焦视觉，而在沙发上再安置与蓝色对比的黄色抱枕，以软装、墙色缔造充满层次的色彩反差，塑造自然人文的内敛视野。

贴士：在质朴灰墙上张贴的红色的中式春联，跳出了底色及古朴意蕴，与整体的现代风氛围显得冲突，充满着视觉趣味。

437

图片提供©新澄设计

图片提供©日作空间设计

437 湛蓝拉扣沙发成为美式经典风格空间的焦点

开放式的客厅餐厅交流区以湛蓝色沙发为隐形交界线，白色线板搭配实木人字拼地面，用美式经典风格酝酿出沉稳大气的迎宾气势。两厅上方悬挂的玻璃分子吊灯、管状水晶灯具，除了具有区隔空间的功能外，也为家居注入些许现代语汇。

贴士：沉稳的美式经典风格利用一字形湛蓝色沙发跳色，搭配实木人字拼地面，以细腻的质感烘托大气的氛围。

438 简约宁静的灰色之家

个性成熟稳重的年轻房主，钟爱简约自然的生活感，客厅软装便以灰色调为主轴，结合单椅、沙发的形式变化，勾勒出沉静的人文调性，并透过对座椅的规划安排，凝聚家人情感，而退至角落与阳台的绿色植物，则适当地增添空间温度。

贴士：客厅墙面选用意大利品牌涂料刷饰，除了颜色与软装一致，更借由带有颗粒感的手工制作纹理效果，提升细节质感。

图片提供©澄橙设计

439 灰色、蓝色交织出挑高客厅的都市绅士风格调

客厅透过两侧黑色顶天置物柜强调挑高 3.8 米的气势，运用灰色清水混凝土涂料铺陈背景主墙，透过木纹的暖配上水泥的冷，赋予空间理智、现代却不冰冷的视觉感受，辅以灰蓝色沙发、窗帘等软装点出空间的阳刚属性。

贴士：黑、灰、蓝建构出成熟的都市氛围，透过落地窗的日光照射凸显背墙清水混凝土泥作的立体木纹，平衡空间的冷、暖调性。

图片提供© 森境及王俊宏室内装修设计工程

图片提供© 璞沃空间 /PURO SPACE

440 蓝与黑为低调空间注入清新文艺气息

在窗明几净的浅灰色空间中，墙面上可自由拼接的蓝、黑装置艺术成为空间的聚焦点，给人强烈印象。为了凸显色彩主题，设计师选择以浅灰色、米白色等低彩度、高明度的低调色彩作为空间底色，让主题更明确清新。

贴士：在沙发上散置了多款小抱枕，抱枕颜色与墙面主题的呼应，堆叠出丰厚的色彩层次感。

441 红锦鲤悠游湖水绿墙面，深浅色对比更灵动

现代风格住家选择以黑檀木、深色餐桌椅打造理性稳重的背景基调，再于餐厅主墙刷上湖水绿涂料，粘贴红色锦鲤作为具象装饰。用隐喻的方式点出中国红、青花瓷等禅意意象，深沉背景上环绕着清浅水景，动静之间让鱼儿跃然墙面，自在悠游其中。

贴士：在大面积咖啡色、灰色的餐厅中，简洁的吊灯搭配红色吊线，低调呼应水绿墙面、鲜红锦鲤，巧妙点出住宅中国禅主题。

442 木质家具衬以灰黑软装饰，铺陈现代简约宅

从玄关进入所保留的自在空间，并不赋予实质的使用定义，让房主能弹性运用。此处的家具灯饰、软装配色，则遵循地砖与木质基调，因而选用黑色吊灯、深黑窗帘串联，加上木头单椅、椅凳与作为点缀的铁线蕨植栽，传达出简约的自然感。

贴士：包括墙面画作也是以咖啡色居多，与木质基调更为吻合，天花板、墙壁则大量留白，呼应整体氛围。

442

图片提供 © 日作空间设计

图片提供 © 璞沃空间 /PURO SPACE

443 关上左右拉门，艺廊变身静谧卧室

卧室延伸公共空间的灰、白背景与双动线设计，平时可秀出左右走道悬挂的鲜艳作品，令卧室像个百变小画廊；当门关起时，只留下单纯黑、灰、白，使私密空间随着功能调整更具使用弹性。墙面吊线的黑色床头吊灯，呼应天花板的黑色收边，是简洁空间独有的装置艺术，也是卧室有趣的设计亮点。

贴士：以白、灰为主的空间背景色，透过两侧卧室的门开合，让空间功能在小画廊与卧室功能中弹性调整。

图片提供 © 石坊空间设计研究

图片提供 ©HATCH Interior Design Co. 合砌设计有限公司

444 大尺度黑白吊灯，提供空间色调稳定元素

玄关上方尽管有天窗引入大量自然光，但设计师仍配置了 3 盏大型黑白编织吊灯，借此为挑高的空间带来视觉焦点与安定感，低色温的黄光照明，也赋予冷调水泥空间暖意。

贴士：选用黑白色系与编织材质的吊灯，以符合空间一致诉求的朴实元素与中性色调。

445 绿草皮点缀视觉，引入自然气息

设计师在电视墙的一侧铺排一块人造草皮，以一种趣味的手法纳绿意入室，借此丰富白色电视墙的视觉焦点，尤其绿色草皮隐性地对墙面形成线性切割，缩减电视墙的区间，利于电视呈现居中的视觉效果。

贴士：人工草皮作为立面色带，在灰白空间注入一抹生气，草皮的立体质地，与木素材肌理相呼应，突显存在感。

446 富有层次的蓝，带来和谐视觉

由于先确定了墙色，沙发特地采用灰蓝色配合，塑造上深下浅的沉稳视觉效果，稳定空间中心；而天蓝色与灰蓝色同一色阶的安排，不仅让空间的色彩数量压缩到 3 种以下，视觉也更为和谐不突兀。

贴士：沙发背景墙的柜体利用原木色作为深浅蓝色的中介，巧妙串联形成过渡，温暖的大地色泽透露质朴的韵味。

446

图片提供© 原晨室内设计

图片提供© 璞沃空间 /PURO SPACE

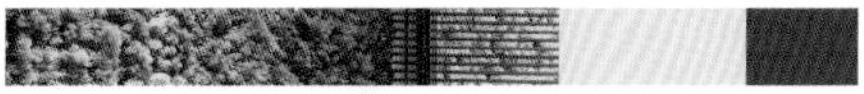

447 用绿意打破藩篱，与日光嬉戏成趣

老宅独有的 L 形天井转化为房主专属的阳台，风干苔藓伴随日光大胆地从屋外延伸至室内，鲜活抢眼的绿色就像旧时的爬墙虎占据半面客厅墙壁，让视觉穿透不再只是形式上的设计，而有了更戏剧化的实际展现。木制天花板用黑色细致收边，准确圈围出中央区块，在灰、白色调中，增加视觉立体感。

贴士：风干苔藓用鲜绿色的粗糙质地，打破室内的灰、黑与平面的简洁感，呼应了木色地面。

图片提供© 大雄设计

448 黄色让办公氛围跳出框架变活泼

在开放办公区与隔间办公室中间规划有休憩沙发区，透过无方向性的沙发群摆设，搭配明黄与浅灰的跳色设计，让原本较为严谨的办公氛围瞬间软化，同事们可在此轻松地开会聊天或休憩喝咖啡。

贴士：在开放格局的办公空间中，除了运用隔屏、走道除作为分区的语汇外，色彩也是相当不错的设计元素。

449

图片提供© 曾建豪建筑师事务所

图片提供©一水一木设计有限公司

449 蓝黑色沙发与百叶窗营造慵懒氛围

呼应全屋的蓝、灰、黑色基调，选用蓝灰色沙发，搭配木头色抱枕，与沙发背景墙展示柜形成色彩呼应的效果；阳台门窗则设置黑灰色百叶窗，由于具备绝佳采光的优势，透光率调整弹性更大，让明暗对比更立体。

贴士：蓝灰色沙发、蓝黑色柜体利用木头色少量点缀，反而令温暖的感觉有被放大的效果，更符合慵懒的氛围营造技巧。

450 明黄色镇压全场，展现沉稳霸气

在充满沉稳霸气的起居区内，明黄色的皮革沙发不仅能镇压全场，同时具有缓和阴暗色调与增添温馨气氛的效果，让周边较为黯沉的空间色彩成为最佳配角，而电视墙下的水蓝色台面的跳色，让画面视觉更具有丰富感。

贴士：色彩与光线息息相关，设计师在沙发旁配置立灯，除了给予光线补足，同时也彰显了空间主色。

图片提供©子境空间设计

451 静谧深灰蓝谱出舒适愉快生活乐章

在开放式的空间之中，餐厅区域位于视线底端，设计师在墙面端景上下足功夫，从特别混色调和出的独特深灰蓝作为主体，再以层架的明亮黄橘造型作为局部的跳色装饰，与温淳质朴的木桌相互搭配出无比和谐的用餐韵致。

贴士：为界定出空间，天花板采用斜面造型形成用餐空间，搭配微复古的原木餐桌椅，自然演绎出温馨自在的氛围。

图片提供©地所设计

452 冷灰色与暖驼色，对比搭配更显丰富感

在由深色木皮与浅色石材构建而成的对比色空间中，设计师特别挑选了冷灰色皮革主沙发与驼色皮革长椅搭配，一冷一暖的色彩增添了视觉的丰富度，而白纱搭配卡其色的大片落地窗帘则呈现和煦轻盈感，柔化了整体画面。

贴士：灯饰也是软装配色的重点，设计师在吧台与餐区选搭了一白一褐的吊灯，映衬出不同区域的空间色彩。

图片提供© W&Li Design 十颖设计有限公司

453 亮眼赭红床品配色，赋予沉静卧室鲜明亮点

卧室空间延续公共空间的普鲁士蓝主色调，并以不同材质墙面勾勒色阶层次，再利用抢眼的赭红色床品配色，为沉静普鲁士蓝与光感白的卧室空间，增添一抹鲜明的色彩亮点。

贴士：细致柔滑的织布床品，与平滑木制烤漆和绒绷布墙面材质，在柔和光色的轻抚下，温润了蓝与红的浓烈。

454 复古感皮革沙发点出怀旧主题

皮革材质因处理手法不同，具有各式各样的色泽，为空间所带来的装饰效果也大不相同。如本案例以怀旧复古风为主，设计师刻意选择具有洗旧刷白质感的皮革沙发，让皮革的色调在空间中不会显得太重，又能呼应时光洗练的氛围。

贴士：若空间本身已经有较多的色彩元素，在抱枕的搭配上则建议以素色为主，如本案例选用灰色抱枕，避免让整体色彩过于驳杂。

454

图片提供© 羽筑空间设计

图片提供© W&Li Design 十颖设计有限公司

455 窗帘双色搭配，呼应空间色彩配置

卧室以邻近色搭配法挑选双色窗帘来呼应空间配色，深灰色不透光绒布，搭配粉红色透光纱，采用与墙面相同的 2 ∶ 1 配色比例，色纱分界与墙面金边切齐，颜色也与浅色电视木柜相近，统一空间色调的铺排。

贴士：窗帘是带有光滑质感的绒布，与粗糙老砖漆墙形成强烈对比，却也为粗犷的空间揉入了细腻的品位。

图片提供 © 甘纳空间设计

图片提供 © 实适空间设计

图片提供 © 子境空间设计

456 巧用家具与收藏活化色彩层次

男主人拥有多年来收藏的为数不少的公仔与纪念品，为了让它们与空间完美结合，以大地色为基调，透过温润的色彩来衬托彩色公仔，并以鲜明黄色单椅强化童趣。

贴士：精挑细选的格子图案沙发，在素雅的基底下，多色阶纹理的样式也提升了居家色彩层次。

457 墨绿皮沙发与灰墙烘托出沉稳氛围

透过木皮与墙色的运用，创造出温暖与沉稳互补的协调与层次变化，客厅沙发特别配置军绿皮革款式，试图以一种零距离、带有温度的沉稳，创造贴近生活的美感。

贴士：沙发选以皮革材质，对照灰色漆墙，两种不同的质地相互烘托，增添居家静谧写意的情调。

458 大地色酝酿沉静的睡眠氛围

在主卧降低彩度，以温润沉静的大地色系织品作为空间主调，对照天花板、地面、墙壁的留白，酝酿柔和的睡眠氛围。

贴士：同色调深浅堆叠的织品，于洒落光源映照下，空间色调温润且富层次。

459

图片提供 © FUGE 馥阁设计

图片提供 © FUGE 馥阁设计

459+460 质朴色系散发舒适气息

加入北欧乡村风的元素，以明亮色系打造的厨房，老门板餐桌让木材融入简约温馨的居家氛围中，中岛的鹅黄色对比草绿色柜体，增添了缤纷的意象。

贴士：以中国台湾地区制造的老门板餐桌为主，搭配温暖的黄、绿色系，明亮且能为厨房增添不少温度。

图片提供©奇逸空间设计

图片提供©FUGE馥阁设计

图片提供©甘纳空间设计

461 以软装将大自然色调植入居家

在空旷的客厅区，房主期望以自然系家具营造氛围，选用具有多样性的装饰性实木茶几，随意摆放移动，搭配上芥末黄沙发与草地绿地毯，更添休闲感。

贴士：装饰性实木茶几置于草地绿地毯上，不论色调或质地都直接描绘出房主对自然氛围的喜爱。

462 鲜艳亮色系的家居织品，装点自然清新的房间

空间材料大量使用白色、木色调，并运用鲜艳亮色系的家居织品，搭配充足采光，营造舒适的休闲感。

贴士：在白净的背景底下，以贴近自然的绿、黄、蓝、红多样家居色彩，营造缤纷的北欧风清新住宅。

463 调和冷暖的配色法，打造北欧系家居

房主对于简约的北欧生活极其向往，利用白与木质产生明亮与温暖的气息，透过多彩的家居软装饰，打造专属房主的北欧系生活。

贴士：单椅的红黑对比，白色沙发上的粉嫩、土耳其蓝抱枕，呼应空间的色调，起了冷暖调和的作用。

464+465 黄、绿、灰串联不同空间的整体感

设计师一开始就请房主挑选出喜爱的餐桌和餐椅颜色——黄、绿、灰，其他家具也都植入了这些色调，黄色沙发、灰色立灯、绿色挂画，于无压迫感的空间氛围中装点了室内表情。

贴士：依餐桌和餐椅的黄、灰、绿色调出发，作为家具挑选的准则，让不同空间也因颜色而有了连贯的整体感。

464

图片提供 © FUGE 馥阁设计

465

图片提供 © FUGE 馥阁设计

图片提供© 巢空间室内设计

466 亮红柜体成焦点，框构餐厅鲜明的轮廓

设计师以一整排红色铁件矮柜作为空间的主视觉焦点，矮柜的体量适中，没有压迫感，鲜红的色泽引人注目，让餐厅成为整体室内空间中的另一主角。

贴士：红色铁件矮柜为空间主角，搭配空间其他黑色铁件家具、灯饰，形成一种经典的色彩配置。

467

图片提供© 巢空间室内设计

467 草地绿与原木家具，把自然带回家

白色与木纹为整体空间两大主要色彩元素，房主期望营造出明亮温馨的家居风格，透过浅绿色沙发与多彩跳色抱枕活泼配置，让客厅拥有更多层次感。

贴士：以布面沙发的材质，搭配原木色柜体的材质，让家透出清爽不腻的风采。

468 活泼蓝黄软装，构筑北欧小清新

开放的白净空间，要如何创造活泼感？设计师以鲜明木色餐桌、芥末黄沙发及天空蓝单椅丰富色彩，散发自然清新的北欧气息。

贴士：色彩重心置于大型家具体量，灯具则以白色雾面材质融入空间。

469 粉橘沙发带来居家浪漫甜味

女房主希望明亮白色空间里也能透出浪漫风，因此设计师选以甜橘粉沙发带给空间甜美色调，同时也与微暖木色地面的柔美呼应。

贴士：设计师于餐厅区同样配置粉橘渐变色主题墙，延伸空间的粉橘清新调性，平衡空间的色彩应用。

图片提供© 寓子空间设计

图片提供© 寓子空间设计

图片提供©石坊空间设计研究

470 提取黑餐桌的配色元素，配置家具的多样色彩

采用反光材质的灰白客厅，其色彩配置依厨房的黑色体量出发，解析出孔雀蓝、紫、红作为元素，并转化成家具的色彩，创造视觉亮点。

贴士：不同色系的家具有着皮革、布、麂皮的不同材质组合，在多面开窗下可见到细腻的色彩质地的变化。

图片提供©两册空间设计

471 布质感家具为简朴家居添暖意

在白、灰及木色围合出的淡雅空间中，要保有质朴的氛围，又要增添温度与质感，设计师选以带灰阶的米色沙发与抱枕，呼应木构天花板的沉稳调性与温度。

贴士：沙发选以布面材质为主，让平滑立面与地面构筑的空间，因织布材质多了温暖气息。

图片提供©寓子空间设计

472 铜色铁件的光泽勾勒出空间的细腻质感

为了提升简约白灰色调居住空间的细腻质感，设计师在配置铁件层板时，不以黑色呈现，而以涂料涂刷出具金属光泽的铜色铁件，展现低调的奢华。

贴士：为呼应雾面纹理的灰墙，配置了漆了黄铜色的悬挂层板，光滑的金属质地马上为空间质感加分。

473

图片提供© 文仪室内装修设计有限公司

473 对比黄蓝跳色，玩味空间色彩

个性活泼的房主希望为家中质朴的空间加入玩味特质，以黄色调出发，搭配绿色与蓝色，既平衡了空间调性，也创造出空间的丰富视觉感。

贴士：为平衡空间色彩氛围，使用黄色、木色打造暖色调空间，适时加入蓝、绿冷色调，略带跳色的风味。

图片提供© 寓子空间设计

474 极简黑描绘空间内敛沉着的调性

房主偏好低彩度的黑白时尚风格，因此设计师以白色塑造空间基调，在视觉所及的柜体及灯饰上带入黑色元素，让空间显得利落洒脱又具质感。

贴士：雾面质地的黑色柜体与灯饰，呼应灰色乐土地面的微透光感，为空间交织出不同的视觉层次效果。

475

图片提供© 两册空间设计

图片提供© 两册空间设计

475+476 鲜明家具色彩跃升空间主角

房主对于居家选品有自我的喜好与设定，设计师试着将其融入空间设计之中，以中性灰为空间打底，成为驼色与铁灰沙发的最佳映衬角色，让沙发恣意展现风采。

贴士：在无色阶的空间里，让家具成为空间色调主角，带有皱褶的沙发与木桌纹理，也因此更鲜明。

图片提供 © 澄橙设计

图片提供 © 澄橙设计

477+478 用颜色描绘个人生活主张

因为房主为空姐，所以以天蓝色为主色，并以北欧风为设计主轴，轻浅天空蓝色与鲜明粉蓝色单椅，联系使用者习惯的色系，使其在卧室休息时得到最完全的放松。

贴士：运用壁灯与嵌灯投射温暖光线，让以天空蓝为基调的卧室更具和缓氛围，创造睡眠环境。

图片提供 © 甘纳空间设计

479 白色基底勾勒精品酒店风

有得天独厚的山景条件，将三室格局重新配置为主卧与儿童房，设计师运用白色系修饰棱角与柱子，不同开口尺度的窗户则与落地窗帘整合，再结合紫色调家具、软装，让空间具有层次感。

贴士：白色系的主卧空间，与不同深浅的紫色与灰阶草绿色，描绘出极具风格的空间和谐色感。

图片提供© 巢空间室内设计

480 暖色对象为粗犷空间增添温度

粗犷的客厅风格，必须透过软装摆件来调和，避免形成难以亲近的距离感，大地色系的沙发与木百叶，在色调上能与整体风格相互搭配，在材质上同样可作为客厅较温馨的陪衬。

贴士：在粗糙砖墙勾勒的空间中，暖调的棕色沙发、木百叶，为空间带来质地上的平衡。

481 沉稳材料色诠释质朴东方味

因女房主有写书法的需求，设计师特为她建构具东方风采的书房空间，厚实的深色实木桌椅，搭配一盏棕色纸编吊灯，营造适合书写阅读的沉稳空间调性。

贴士：平滑的实木桌与编织缠绕的灯饰，在光源照射下，更加凸显两者的纹理与细节。

图片提供© 石坊空间设计研究

482

图片提供© 石坊空间设计研究

482 皮革跳色餐椅酝酿空间的温度质感

添加深色木头素材的餐厨空间，染色实木餐桌，呼应木头厨具；而砖红色皮革椅，除了为一家人齐聚的空间增添温度外，也与走廊一侧的法拉利红色墙面有所串联，空间调性更为鲜活。

贴士：选用皮革材质的餐桌椅，除了便于清洁整理外，透过皮革的触感与色泽，提升了空间质感与品位。

483 红与绿交叠视觉冲突美学

为了不浪费大面开窗的良好采光与绿景，设计师选以湖水绿餐柜将户外绿色元素植入家居，搭配红色餐桌吊灯，为白净的空间增添绿意以及视觉对比的趣味性。

贴士：反差大的红布面吊灯与湖水绿柜体置于同一区块，在灯光色温变化下，演绎出具有多重色感的视觉美学。

图片提供© 石坊空间设计研究

484

图片提供©地所设计

图片提供©地所设计

484+485 自然绿和树木延伸大地的意象

三面采光且被绿意包围的独栋别墅，室内以白、黑、木色打底，缀以墨绿色墙面、地毯与窗景相呼应，自木头颜色延伸出的大地色，辅以绿色地毯，搭配出丰富的层次感，在光影映照下，更添自然舒适的明亮感。

贴士：立面的墨绿树形向两侧延伸，搭以木头色调的空间及大地色系的家具，于光线映照下，有了明亮与深色调的对比，透出沉稳的氛围。

图片提供 © 大湖森林设计

图片提供 © 大湖森林设计

486+487 土耳其蓝创造耐人寻味的亮点

在空间中设计师大量运用多种材料于天花板、地面、墙壁修饰，在有限的立面端景里塑造无限的宽阔、大气格局，然而在石纹、木纹多元色彩拼接之外，巧妙运用完全跳色的土耳其蓝沙发装饰，也让空间更添韵致。

贴士：在空间中不只用木纹与石纹呈现线条排列，就连土耳其蓝沙发也大玩线条纹理，串联起空间线性排列的趣味性。

图片提供 © 明代室内装修设计有限公司

488 休闲草绿的一抹轻松慵懒

繁忙一天总期待回家能彻地放松心情，良好的采光点亮一室，特以青草绿经典单椅营造出慵懒气息，搭配利落的黑色立灯，又添上现代简约的氛围。

贴士：走自然风的空间，青草绿单椅的配置，呼应着木质地板与黑板漆墙的色调，营造和谐自然的气息。

489

图片提供© 子境空间设计

489 黑白对比空间里的时尚亮点

墙面、天花板以白色乳胶漆来铺排，与区隔客厅与卧室的黑色格栅拉门，带来强烈的黑白对比，点缀上作为单一亮点的家具的鲜明色彩，创造现代且利落的韵味。

贴士：强烈的黑白双色对比空间，以灰沙发平衡其中，搭上紫色抱枕及醒目的马卡龙蓝躺椅，平滑细致的质地与色调，亦凸显出现代时尚风范。

图片提供© 大湖森林设计

图片提供© 大湖森林设计

490+491 融入光线的空间色彩计划

空间的配色，有时并不只在于色彩，而是要将光线融合，本案例中左右两边大块落地窗，不仅采光好，还有自然绿荫美景，以固定式百叶窗引光入室，运用材质不同的白呼应光照，再适时以跳色的沙发、软装作为画龙点睛之笔来调和，空间中的美浑然天成。

贴士：当阳光从百叶窗过滤至地面，即是最有趣的天然纹理。

图片提供© 明代室内装修设计有限公司

492 糅合草绿与深褐色调的沉稳风

想丰富白底、木边框的北欧家居色彩，活用家具和装饰品就能轻松实现。运用草绿色与深褐色交叠编织，创造多彩的丰富视觉、稳重色调以及沉稳的定性。

贴士：在各个角落赋予陈设沉稳的色系，让明亮的空间产生让人感到安定的效果。

图片提供 © 明代室内装修设计有限公司

493 以线条色调转化空间属性

以水蓝色的花草壁纸铺陈的男孩房，却没有过于可爱娇气，以深蓝色的床头与窗帘呼应，统一空间的视觉，又呈现中性的韵味。

贴士：为平衡花草壁纸装饰的空间，摆放偏灰蓝色的横纹抱枕织品，统一调性之余，又以带灰阶的色调与图纹呈现爽朗的气息。

494

图片提供 © 森境及王俊宏室内装修设计工程

图片提供 © FUGE 馥阁设计

494 鲜明的软装点亮沉静的空间调性

开阔的室内格局，将客厅餐厅合并处理设计，仅以大面黑色主墙塑造视觉立面，同时也隐性地成为界定两个空间的位置，鲜明的黄色挂画与抱枕，成为醒目的拢聚焦点。

贴士：黑色主墙辅以鲜明色彩的壁画，让视觉有了聚焦效果，再辅以同色调抱枕搭配。

495 多层次摆放饰品，丰富床的色彩

衬着灰白柜墙的静谧卧室，如何才能更有味道？增添一点儿彩色的抱枕，就能轻松做到，以鲜明的蓝与黄拉拢视觉焦点，也可以赋予空间舒适、放松的气息。

贴士：以前后放置、层次堆叠手法摆放抱枕，营造景深与层次感，选用相同纹路、不同的蓝黄色彩，丰富且平衡空间调性。

图片提供 © 大湖森林设计

496 软装调和材料，创造沉静的端景

设计师以较多自然材料描绘空间中的大气质感，由于客厅规模较大，又不想以墙面阻隔光线，因此以半腰石墙作为客厅与书房的绝妙分隔，干净温暖的米白色沙发，适时调和山石材质的硬朗之感，能给予家人抚慰的力量。

贴士：半腰石造型墙展现出沉稳的力道，在不阻隔光线的情况下成功划分出两块区域。

图片提供 © W&Li Design 十颖设计有限公司

497 沉稳灰阶次第展现雅致内敛的气韵

以静谧的白色构成空间，以灰阶主墙赋予空间安定的调性，自灰色延伸出深灰沙发与深蓝地毯，更为空间营造稳重大气之态。

贴士：恣意挥洒入室的阳光，为空间绘上一抹光彩，湛蓝的窗帘呼应家居摆设的调性，延续了内敛质地的表现。

498

图片提供 © 怀生国际设计

图片提供 © FUGE 馥阁设计

图片提供 © FUGE 馥阁设计

498 宫廷浮雕、蓝白跳色营造出欧美酒店的风格

此案例在公共空间以丰富的材料与色调创造出冲突又相互平衡的美感，以纯色的利落线条为基底，加入色调鲜艳、花色大胆的布置；私密空间以蓝白跳色装点纯白空间，为卧室带来活泼的调性。

贴士：宫廷浮雕展现于卧室背景墙上，且利用蓝白跳色软装营造出欧美风格。

499+500 清新鹅黄表述北欧的缤纷意象

设计师将北欧乡村风自公共空间一路延伸到主卧的设计，利用跳色墙面带出北欧的缤纷意象，床头背板的稳重大海蓝，营造出睡眠的氛围，呼应鹅黄衣柜与鲜黄单椅带来的明亮视觉，让原本窄小空间的视野延伸，更与户外阳光呼应。

贴士：鹅黄色衣柜与窗台鲜黄单椅相互呼应，映衬大地色系的床品，多层次的色调为纯白空间增添了暖意。